Ebbing • Der richtige Umgang mit KMU-Fördermitteln

Zusätzliche digitale Inhalte für Sie!

Zu diesem Buch stehen Ihnen kostenlos folgende digitale Inhalte zur Verfügung:

- Online-Version ✓
- Online-Training
- Aktualisierung im Internet
- Zusatz-Downloads
- App
- Digitale Lernkarten
- WissensCheck

Schalten Sie sich das Buch inklusive Mehrwert direkt frei.

Scannen Sie den QR-Code **oder** rufen Sie die Seite **www.nwb.de** auf. Geben Sie den Freischaltcode ein und folgen Sie dem Anmeldedialog. Fertig!

Ihr Freischaltcode

BQLR-BDQF-JHGG-QQZP-ZOOY-AU

www.nwb.de

Der richtige Umgang mit KMU-Fördermitteln

Praxisleitfaden für Berater und Unternehmer kleiner und mittlerer Unternehmen

- Grundlagen
- Fördermittelanalyse
- Relevante Förderprogramme
- Projektberatung
- Beratungskostenzuschüsse
- Mit zahlreichen Praxistipps und Beispielen, Checklisten und Arbeitshilfen

Von
Tanja Ebbing

nwb

ISBN 978-3-482-66671-1

Satz: Reemers Publishing Services GmbH, Krefeld
Druck: Elanders, Waiblingen

VORWORT

Viele Unternehmer scheuen sich, Subventionen in Anspruch zu nehmen. Per Definition handelt es sich schließlich um eine externe Unterstützung. Hieraus könnte man schließen, dass ein Unternehmen nicht aus eigener Kraft z. B. wachsen kann, sondern auf finanzielle Hilfe angewiesen ist. Welches kleine und mittlere Unternehmen (KMU) kann es sich leisten, im Wettbewerb als schwach wahrgenommen zu werden? Eine weitere Herausforderung für die KMUs ist der fehlende Überblick der weitverzweigten Fördermittellandschaft. Hat ein Unternehmer jedoch eine Anlaufstelle zur kompetenten Fördermittelberatung und ein passendes Förderprogramm gefunden, scheitern Fördermittelprojekte oft schon vor der Beantragung.

Ziel dieses Praxisleitfadens ist es, KMUs Zugang zu öffentlichen Fördermitteln, insbesondere Zuschüssen, zu verschaffen, um geplante Projekte zu realisieren. Zu nennen sind z. B. Erweiterung eines Geschäftsgebäudes, Anschaffung von Maschinen, Verfolgen einer neuen Geschäftsidee, Einstellung von neuen Mitarbeitern, Eröffnung einer Betriebsstätte, Entwicklung eines innovativen Produkts, Umsetzung der Digitalisierung, Unternehmensübergabe oder Erschließung neuer Märkte.

Dieser Leitfaden bietet Unternehmern konkrete Hilfestellung bei der Recherche nach einem kompetenten Fördermittelberater, welchen Anforderungen dieser entsprechen sollte und was bei der Vertragsgestaltung und Zusammenarbeit wichtig ist.

Berater von KMUs, wie z. B. Unternehmensberater, Steuerberater, Rechtsanwälte oder Wirtschaftsförderer, erhalten hiermit einen praxiserprobten Werkzeugkasten, um Unternehmer bei der Ermittlung des Bedarfs, Recherche und Analyse der öffentlichen Fördermittel von der Beantragung bis zum Abruf der Mittel sachgerecht zu unterstützen sowie Chancen und Risiken aufzuzeigen.

Der Praxisleitfaden spiegelt mein Know-how aus 25 Jahren selbständiger Unternehmensberatung mit KMUs wider. Innerhalb der von mir geleiteten Ausbildung zum Berater für KMU-Fördermittel seit dem Jahr 2012 wurden gemeinsam mit Kollegen eine Vielzahl von Fördermittelprojekten bearbeitet. Dieses Buch wird die Leser durch den Fördermitteldschungel lotsen und die künftige Inanspruchnahme ermöglichen.

Zunächst werde ich aufzeigen, wie sich der Markt von KMUs aufteilt, um anschließend im ersten Kapitel die Grundlagen von öffentlichen Fördermitteln zu vermitteln. Hierzu gehören die Einschränkungen der Europäischen Union sowie die Ausnahmen und die Arten. Im Rahmen vom zweiten bis siebten Kapitel wird die Herangehensweise an Fördermittelprojekte ab dem Zeitpunkt der Recherche nach einem Fördermittelberater, über die Angebotserstellung, Abschluss eines Beratervertrages, über die Ermittlung der Projektdaten, von der Fördermittelrecherche bis zum Abruf der Mittel vorgestellt. Ab dem achten Kapitel wird anhand der Beratungskostenzuschüsse aufgezeigt, wie das Honorar des Unternehmensberaters für den Unternehmer bezahlbar wird welche relevanten Programme es mit öffentlichen Zuschüssen für verschiedene Beratungsthemen gibt.

In diesem Leitfaden definiere ich die Fördermittelberatung als konzeptionelle Beratung und orientiere mich an der Definition der BAFA.

Aus Vereinfachungsgründen und der besseren Lesbarkeit verzichte ich auf ein geschlechtergetrenntes Formulieren.

Für ergänzende und kritische Hinweise bin ich für die nachfolgenden Auflagen dankbar.

Neuhof,
Tanja Ebbing

Die Autorin

Tanja Ebbing, Dipl. Betriebswirt (VWA), war bei verschiedenen renommierten Banken beschäftigt sowie in der kaufmännischen Leitung von KMUs. Seit 25 Jahren arbeitet sie als selbständige Unternehmensberaterin (www.ebbing-beratung.de). Sie ist geprüfte Crowdfundingmanagerin (IHK), KMU Fördermittelberaterin und Fachberaterin Existenzgründung. Sie bildet seit einigen Jahren Berater für KMU-Fördermittel aus und ist Inhaberin der eingetragenen Marke beim Deutschen Patent- und Markenamt. Sie ist Mitglied im RKW Hessen e.V., Engineering-High-Tech Cluster Fulda e.V., Zeitsprung IT-Forum Fulda e.V., b.b.h, Partner der Gründerwoche Deutschland und Berater der Offensive Mittelstand. Ebbing Unternehmensberatung ist beim BMWi als Innovationsberatung für das Förderprogramm go-innovativ, als Digitalisierungsberatung für go-digital und als Organisations-und Prozessberatung für das Förderprogramm unternehmensWert:Mensch sowie bei der BAFA, RKW Hessen und RKW Thüringen autorisiert.

Das Beratungsunternehmen führt ein Qualitätsmanagement und ist für betriebswirtschaftliche, strategische und technische Unternehmens- und Innovationsberatung, Planung und Durchführung von Schulungen und Trainingsmaßnahmen nach DIN EN ISO 9001 zertifiziert.

www.ebbing-beratung.de
www.digitalisierungsgrad-kmu.de
www.innovations-beratung-kmu.de
www.ausbildung-foerdermittelberater.de

INHALTSVERZEICHNIS

ABKÜRZUNGSVERZEICHNIS

AGVO	Allgemeine Gruppenfreistellungsverordnung
BAFA	Bundesamt für Wirtschaft und Ausfuhrkontrolle
BDU	Bundesverband Deutscher Unternehmensberater e.V.
BVK	Bundesverband Deutscher Kapitalbeteiligungsgesellschaften
BWA	Betriebswirtschaftliche Auswertung
ERFA-Tagung	Tagung zu Erfahrungsaustausch
EU	Europäische Union
F&E / FuE	Forschung und Entwicklung
GRW	Gemeinschaftsaufgabe „Verbesserung der regionalen Wirtschaft“
IfM	Institut für Mittelstandsforschung Bonn
IKT	Informations- und Kommunikationstechnologien
KMU	Kleine und mittlere Unternehmen
KMU-Beraterverband	Die KMU-Berater Bundesverband freier Berater e.V.
MBG	Mittelständische Beteiligungsgesellschaft
RKW	Rationalisierungs-und Innovationszentrum der Deutschen Wirtschaft e.V.
SEO	Suchmaschinenoptimierung
SWOT-Analyse	Strengths (Stärken), Weaknesses (Schwächen), Opportunities (Chancen) und Threats (Bedrohungen) = Instrument der strategischen Planung
uWM	unternehmensWert:Mensch
ZIM	Zentrales Innovationsprogramm Mittelstand

ABBILDUNGSVERZEICHNIS

TABELLENVERZEICHNIS

CHECKLISTENVERZEICHNIS

1. Grundlagen von öffentlichen Fördermitteln

Je nach Recherchetool erhält man unterschiedliche Ergebnisse von Förderprogrammen ausgewiesen. Teilweise werden auch Programme von Verbänden, Institutionen oder Wettbewerbsausschreibungen z. B. Wirtschaftsförderungen oder Stiftungen je nach Recherchetool berücksichtigt. In diesem Buch konzentrieren wir uns auf öffentliche Förderprogramme von Gemeinden, Ländern, Bund oder EU.

Nachfolgende Definitionen vermitteln ein grundsätzliches Verständnis, um Fördermittel künftig im Finanzkonzept von kleinen und mittleren Unternehmen (KMUs) berücksichtigen zu können.

1.1 Definition und Rechtsgrundlage

Bei öffentlichen Fördermitteln handelt es sich um Subventionen. Der Begriff wird vom lateinischen Wort subvenire (= zur Hilfe kommen, unterstützen) abgeleitet. Eine gesetzliche Definition kann von § 264 StGB abgeleitet werden. Womit sich Subventionen auf eine Leistung beziehen, die aus öffentlichen Mitteln nach Bundes- oder Landesrecht an Betriebe oder Unternehmen, die wenigstens zum Teil ohne marktmäßige Gegenleistung gewährt wird und der Förderung der Wirtschaft dient. Es kann sich auch um eine Leistung aus öffentlichen Mitteln nach dem Recht der Europäischen Gemeinschaft handeln. Wobei hierbei wenigstens ein Teil ohne marktmäßige Gegenleistung gewährt wird. Der Subventionsbegriff des Bundes konzentriert sich auf private Unternehmen und Wirtschaftszweige.

MERKE

Es handelt sich um ein Instrument der Finanzpolitik, welches sich auf Wachstum, Verteilung, Wettbewerb und auf die Umwelt auswirken soll.

Nach § 12 StabG handelt es sich bei den Finanzhilfen um Anpassungs-, Erhaltungs- und Produktivitätshilfen an Betriebe oder Wirtschaftszweige. Die staatlichen Subventionen erfordern eine turnusmäßige Erfolgskontrolle, um gesamtwirtschaftliche Verzerrungen sowie Abhängigkeiten zu vermeiden. Schließlich ist es Aufgabe der Unternehmen, aus eigener Kraft zu bestehen, zu wachsen und strukturelle Herausforderungen zu meistern.

Die rechtliche Grundlage für Subventionen sind mit Ausnahme von Steuerbegünstigungen, Verordnungen, Richtlinien oder Verträge (z. B. KFW zur Ausführung einzelner Programme).

HINWEIS

Subventionen bzw. öffentliche Fördermittel werden nicht nach dem Gießkannenprinzip verteilt. Das Bundeskabinett hat entsprechende Leitlinien zum Umgang verfasst. Hierzu gehören z. B. :

- Effizienz und Transparenz (Prüfung von Kosten Nutzeneffekten),
- Einsparungen (Neue Subventionen sind an anderer Stelle einzusparen),
- Ziele festlegen und befristen (Erfolgskontrolle und Prüfung Wirksamkeit ermöglichen),
- Orientierung an wachstums-, verteilungs-, wettbewerbs- und umweltpolitischen Wirkungen,
- Nachhaltigkeit gewährleisten.

ABB. 1: Finanzhilfen im Verhältnis der gesamten Subventionen im Jahr 2016

FINANZHILFEN IM VERHÄLTNIS DER GESAMTEN SUBVENTIONEN IM JAHR 2016 (53,1 MRD. €)

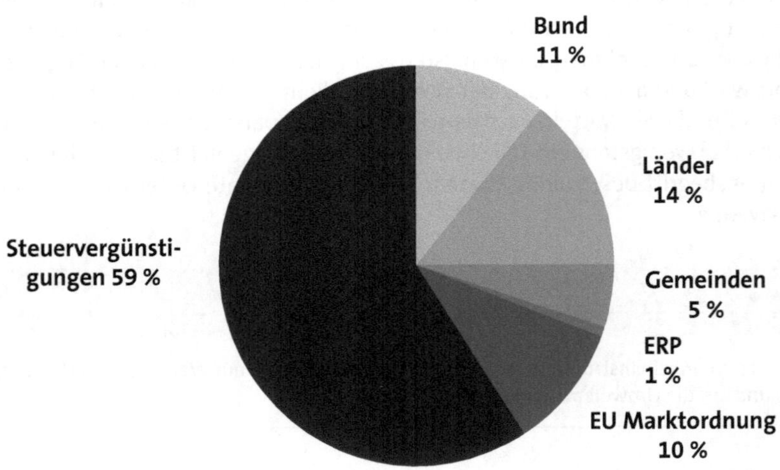

DOWNLOAD

26. Subventionsbericht der Bundesregierung
https://www.bundesfinanzministerium.de/Content/DE/Standardartikel/Themen/Oeffentliche_Finanzen/Subventionspolitik/2017-08-23-subventionsbericht-26.html

1.2 Die Europäischen Struktur- und Investitionsfonds (ESI-Fonds)

Die Grundlage der Fonds ist der Vertrag von Lissabon der Mitgliedstaaten der Europäischen Union. Es sollen Unterschiede im Entwicklungsstand der einzelnen Regionen vermieden und Rückstände von benachteiligten Gebieten verringert werden.

Zur Erhaltung der Wettbewerbsfähigkeit, besonders in wirtschaftlich schwächeren Regionen, soll mit Hilfe der europäischen Struktur- und Investitionsfonds ein finanzieller Beitrag für Deutschland geleistet werden. Ziel ist es, nachhaltiges Wachstum, Wettbewerbsfähigkeit und Arbeitsplätze zu sichern. So sollen die Standortnachteile abgebaut werden. Gefördert werden auf Basis der Europa 2020-Strategie zu mindestens 80 % nachfolgende Themen:

- Innovationen,
- Informations- und Kommunikationstechnologien (IKT),
- Wettbewerbsfähigkeit,
- Verringerung CO2-Emissionen.

Insgesamt wurden fünf Strukturfonds mit unterschiedlichen Aufgaben geschaffen. Folgende Fonds sind relevante Grundlage verschiedener öffentlicher Förderprogramme für KMUs:

TAB. 1:	Strukturfonds	
Kurz	Beschreibung	Ziel
EFRE	Europäischer Fond für regionale Entwicklung (für Deutschland in 2018 ca. 11 Mrd. €)	Die regionale Entwicklung soll durch die Beseitigung von Ungleichheiten zwischen verschiedenen Regionen den wirtschaftlichen, sozialen und territorialen Zusammenhalt in der EU stärken.
ESF	Europäischer Sozialfonds (für Deutschland in 2018 ca. 7,5 Mrd. €)	Gefördert werden Investitionen in die Aus- und Weiterbildung sowie die Beschäftigung, um so zum wirtschaftlichen, sozialen und territorialen Zusammenhalt in der EU beizutragen
ELER	Europäischer Landwirtschaftsfond für die Entwicklung des ländlichen Raums	Die Entwicklung des ländlichen Raumes soll mit innovativen Ideen im Rahmen von modellhaften Projekten gefördert werden.

Weitere Strukturfonds sind der EFF (Europäischer Fischereifonds) sowie der EGFL (Europäischer Garantiefonds für die Landwirtschaft).

Werden Projekte aus dem EFRE und ESF gefördert, muss Deutschland die Kofinanzierung vornehmen. Das heißt, es müssen auch eigene Mittel beigesteuert werden. Der nationale Beitrag schwankt zwischen 15 % in weniger entwickelten Regionen bis zu 50 % in stärker entwickelten Regionen.

Der EFRE und ESF konzentriert sich auf folgende Prioritäten der EU in den Jahren von 2014 bis 2020

ABB. 2: Prioritäten von EFRE und ESF

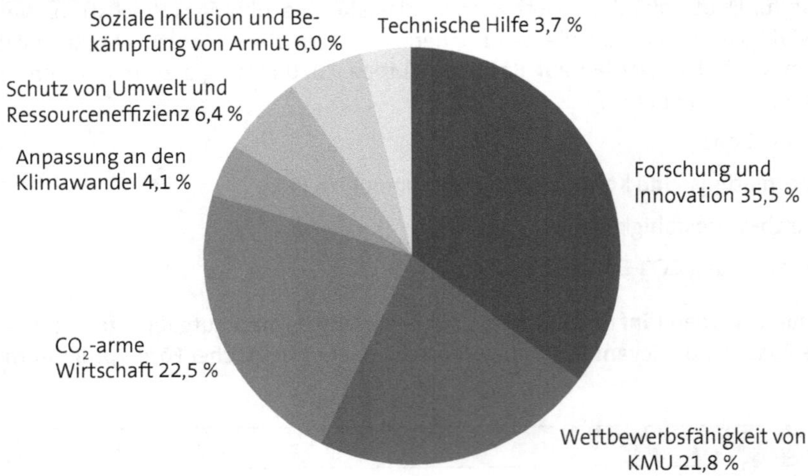

Quelle: BMWi

Die Zuständigkeit des EFRE liegt beim Bundesministerium für Wirtschaft und Energie (BMWi). Die Bundesländer wissen jedoch am besten, wo der Bedarf einzelner Regionen vorhanden ist. Sie profitieren von den Mitteln. Folglich sind es in der Regel auch die Bundesländer, welche die Richtlinien unter Berücksichtigung der Ziele der EU und des Bundes festlegen und umsetzen. Insofern variieren die hierbei umgesetzten Förderprogramme von Bundesland zu Bundesland (= Operationelle Programme oder Entwicklungsprogramme)

Die federführende Zuständigkeit des ESF-Bundesprogramms liegt beim Bundesministerium für Arbeit und Soziales (BMAS). Durch die finanzielle Unterstützung des Fonds sollen:

- Menschen eine berufliche Perspektive gegeben werden,
- Arbeitsplätze geschaffen werden (insbesondere von Gründern von KMUs),

- benachteiligte Personen wie z. B. Langzeitarbeitslose, junge Menschen oder Migranten in den Arbeitsmarkt integriert werden.

Maßnahmen hierbei sind die Förderung der Qualifikation, Ausbildung oder Weiterbildung. Unternehmen sollen so bei der Bewältigung des demografischen Wandels und der Gewinnung von Fachkräften unterstützt werden. Weiterhin geht es darum, sozialer Ausgrenzung entgegenzuwirken.

DOWNLOAD

Europäische Struktur-und-Investitionsfonds in Deutschland mit ausgewählten Projekten
https://www.ausbildung-foerdermittelberater.de/download
Code: NWB2018FMB1

1.3 KMU-Definition

Im Rahmen von öffentlichen Förderprogrammen wird in der Regel die KMU-Definition der Europäischen Union zugrunde gelegt. Je nach Richtlinie kann die Gewährung der Inanspruchnahme auf andere Größenwerte reduziert oder erweitert werden. Einige statistische Informationen basieren auf Quellen, die weitere KMU-Definitionen zugrunde legen.

1.3.1 KMU-Definition der Europäischen Union

Die Inanspruchnahme von öffentlichen Förderprogrammen ist oft kleinen und mittleren Unternehmen vorbehalten. Die Europäische Kommission hat die Größenordnung und finanziellen Schwellenwerte konkret definiert. Weiterhin ist auch klar festgelegt, wie Verbund- und Partnerunternehmen zu bewerten sind. Diese sind entsprechend dem beantragenden Unternehmen hinzuzurechnen. Um festzustellen, ob die KMU-Kriterien erfüllt sind, können die entsprechenden Tools und Checklisten für die einzelnen Förderprogramme genutzt werden. Diese Tools befinden sich auf den jeweiligen Websites der Projektträger oder sind dort direkt anzufragen. Weiterhin stellt die EU-Kommission einen ausführlichen Benutzerleitfaden zur Definition von KMUs zur Verfügung.

DOWNLOAD

Ausführlicher Benutzerleitfaden zur Definition von KMU von der Europäischen Kommission
https://www.ausbildung-foerdermittelberater.de/download
Code: NWB2018FMB1

ABB. 3: KMU nach EU-Definition

Unternehmensgröße	max. Mitarbeiterzahl		Umsatz/Jahr/ Mio. €		Bilanzs./Jahr/ Mio. €
Kleinst	9	und	2	oder	2
Klein	49		10		10
Mittel	249		50		43

1.3.2 KMU nach dem IfM-Definition

ABB. 4: KMU-Definition nach dem IfM

Unternehmensgröße	Zahl der Beschäftigten	und	Umsatz €/Jahr
kleinst	bis 9		bis 2 Millionen
klein*	bis 49		bis 10 Millionen
mittel*	bis 499		bis 50 Millionen
(KMU) zusammen	unter 500		bis 50 Millionen
			© IfM Bonn

1.3.3 KMU-Definition nach dem KfW-Mittel

Hierzu zählen alle Unternehmen bis zu 500 Mio. € Umsatz. Gemäß dem KfW-Mittelstandspanel waren dies im Jahr 2016 rund 3,71 Mio. Unternehmen bzw. 99,95 % aller Unternehmen in Deutschland. 86 % dieser Unternehmen wiederum hatten einen Jahresumsatz unter 1 Mio. € und weniger als fünf Mitarbeiter.

1.4 Marktüberblick

Im Marktüberblick werden Potenziale für Fördermittelprojekte anhand des künftigen Bedarfs der KMUs z. B. für Investitionen und Geschäftsmodellentwicklungen der KMUs aufgezeigt.

1.4.1 KMUs im Überblick

Gemäß dem Institut für Mittelstandsforschung zählten im Jahr 2016 rund 3,46 Mio. Unternehmen zu den deutschen KMUs (99,5 % aller Unternehmen), beschäftigten 17,18 Mio. sozialversicherungspflichtige Beschäftigte (58,3 % aller Beschäftigten). Mit 82 % aller Ausbildungsplätze sorgt der Mittelstand für die Fachkräfte von morgen. Grundlage ist die KMU-Definition des IfM Bonn, bei welcher auch Unternehmen bis 499 Beschäftigte mit einem Umsatz bis 50 Mio. € berücksichtigt wurden.

HINWEIS

Besonders förderwürdig sind nach vielen Richtlinien kleinste Unternehmen unter zehn Mitarbeitern. Diese erhalten oft höhere Förderquoten oder direkt auf diese Zielgruppe konzipierte öffentliche Förderungen. Diese machen auch den Löwenanteil am KMU-Markt aus

ABB. 5: Anteile kleinster KMUs bis neun Mitarbeiter

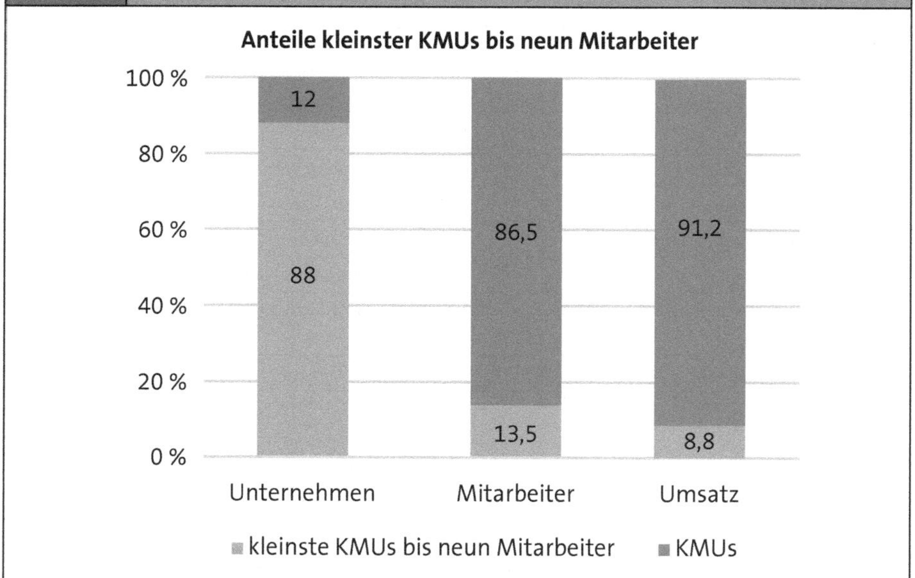

Quelle: IfM

1.4.2 Trends und Treiber

Acht von zehn Deutschen nutzen ein Smartphone. Für die meisten ist ein Verzicht nicht mehr vorstellbar, da es ein Alleskönner ist. Es werden Fotos und Videos gemacht, Musik gehört, Reisen gebucht, eingekauft und auch damit gezahlt. Das Smartphone ist zur Steuerungszentrale z. B. für unser Auto, Haushaltsgeräte und TV geworden. Das sind nur wenige Beispiele der fortschreitenden Digitalisierung, die unser Leben einfacher machen. Viele Dinge wie z. B. Fernbedienungen, Bargeld, Schlüssel, Fahrkartenautomaten oder klassische Taxen wird es in zehn Jahren nicht mehr geben. Neue Technologien, wie z. B. Virtual Reality, Smart Robotic, autonome Fahrzeuge oder künstliche Intelligenz wirbeln ganze Branchen durcheinander. Besonders betroffen sind hierbei der Handel, IKT & Medien, Bildung, Freizeit und Reisen sowie die Gastronomie. Neue digitale Kundenservices und Geschäftsmodelle müssen entwickelt werden. Die Anforderungen an KMUs zur Erhaltung der Wettbewerbsfähigkeit steigen analog zur technologischen Entwicklung. Das Fallen der Halbwertzeiten von Produkten ist kaum aufzuhalten.

PRAXISTIPP

Liquiditätsengpässe oder eine Finanzspritze für das Tagesgeschäft rechtfertigen nicht das Beantragen von öffentlichen Zuschüssen. Es ist ein konkreter Bedarf zu ermitteln, um das Unternehmen weiter zu entwickeln und künftig wettbewerbsfähig zu erhalten. Leider machen sich Unternehmer oft erst dann Gedanken über das Geschäftsmodell, wenn der Veränderungsdruck groß geworden ist. Mit externen und internen Treiber können erste Potenziale für Projekte ermittelt werden.

Checkliste 1: Treiber intern und extern			
Interne Treiber	**Bedarf**	**Externe Treiber**	**Bedarf**
Verbesserung der Prozesse		Kundenanforderungen	
Kosteneinsparung		Marktveränderungen	
Organisatorische Veränderungen		Politische Auflagen	
Zusätzliches Datenvolumen		Lieferantenanforderungen	
Individuelle Anforderungen von Personen		Technologische Anforderungen	
Zunehmende Komplexität		Internationalisierung	

1.4.3 Motivationstreiber für die Veränderungsbereitschaft

Nachfolgende Checkliste mit ausgewählten Fakten (Quelle: Statista, IfM) werden KMUs motivieren, ihr Geschäftsmodell zu überdenken, um im Wettbewerb zu bestehen. Diese

Liste dient als Instrument zur Erstellung eines individualisierten Formulars. Die Motivationstreiber sind fortlaufend zu aktualisieren. Hier können erste Ideen für Projekte identifiziert werden. Mit Unterstützung qualifizierter Unternehmensberater werden Förderprojekte erfolgreicher umsetzbar sein. Details hierzu folgen in Kapitel 2.

Checkliste 2:	Motivationstreiber						
Motivationstreiber	**Fakten**	**Auswirkungen auf das Unternehmen (Chancen/Risiken)**	**Relevanz für das KMU**				
			++	+	0	-	--
So viele Stunden surfen Deutsche pro Woche im Internet	46,2 Std.	Projektbeispiele: Website, Shop, allgemein Digitalisierung					
Deutsche wissen kaum etwas über Algorithmen	56 %	Projektbeispiel: Mitarbeiterschulung					
So viele Deutsche fühlen sich wöchentlich gestresst	81 %	Projektbeispiel: Fachkräftesicherung, Investition in Betriebs- und Geschäftsausstattung					
Einschätzung der Unternehmen zum Stand der Digitalisierung als Nachzügler und verpasst	63 %	Projektbeispiel: Geschäftsmodellentwicklung, Investition in Hard- und Software					
Suchanfragen in 60 Sekunden im Internet	3,8 Mio.	Projektbeispiel: digitale Markterschließung					
Anzahl der monatlich aktiven Facebook-Nutzer	2,1 Mrd.	Projektbeispiel: s.o.					
Anzahl der 14-29jährigen, die mit Messenger kommunizieren	72 Minuten	Projektbeispiel: Steigerung Arbeitgeberattraktivität					
Jugendlichen ist es wichtig, eigenverantwortlich zu leben und zu handeln	76 %	Projektbeispiel: Steigerung der Arbeitgeberattraktivität					
FuE Ausgaben von KMUs	9,24 Mio. €	Projektbeispiel: Produktinnovation					

1.5 Öffentliche Fördermittel als politisches Steuerungsinstrument

Öffentliche Fördermittel nehmen als politisches Steuerungsinstrument Einfluss auf unser gesellschaftliches Leben und unsere Wirtschaft. Ziel der Regierung ist es, den Wettbewerb unter Berücksichtigung sozialer, gesellschaftlicher und umweltverträglicher Kriterien global auszubauen und international als Vorreiter zu positionieren. Die Basis hierbei bildet das Leitbild eines innovativen Deutschlands. Zu den Zukunftsaufgaben gehört:

- Digitale Wirtschaft
- Nachhaltiges Wirtschaften und Energie
- Innovative Arbeitswelt
- Gesundes Leben
- Intelligente Mobilität
- Zivile Sicherheit
- Innovationsdynamik in der Wirtschaft in Form finanzieller Förderung
- Vernetzung und Transfer von Wirtschaft und Wissenschaft
- Innovative Rahmenbedingungen
- Transparenz und Partizipation der Gesellschaft

MERKE

Voraussetzung jeder Fördermittelrecherche ist ein grundsätzliches Verständnis und Verfolgen der aktuellen politischen Situation, Erkennen von gesellschaftlichen und wirtschaftlichen Entwicklungen und Engpässen. Insbesondere müssen die Ziele, die durch Umsetzung eines Fördermittelprojektes erreicht werden sollen, mit den Zielen der Bundesregierung übereinstimmen. Die Umsetzung der Ziele wird in den jeweiligen Richtlinien gefordert.

Im ersten Schritt können folgende Ziele der Regierung abgeleitet werden, die in einigen Richtlinien relevant sind.

Checkliste 3:	Konformität Politische Ziele					
Ziel	**Bemerkungen**	**Relevanz**				
		++	**+**	**0**	**-**	**--**
Wirtschaftswachstum	z. B. Umsatzsteigerung, Erweiterung des Absatzgebietes, Eroberung neuer Märkte, Schaffung neuer Betriebsstätte					
Unterstützung regional schwacher Regionen	Ort der Betriebsstätte oder Betriebssitz					
Internationale Wettbewerbschancen	z. B. Internationalisierung, Eröffnungen in der EU					

Ziel	Bemerkungen	Relevanz				
		++	+	0	-	--
Motivation zum Innovieren	z. B. Entwicklung eines neuen Produktes					
Schonung von Ressourcen und Umwelt	z. B. Reduzierung der Energiekosten aufgrund Umbaumaßnahmen, effizientere Prozesse, Reduzierung von Produktionsabfällen, Einsatz neuer Technologien					
Unterstützung von Gründern und KMU	z. B. Unternehmensgründung oder Unternehmensnachfolge					
Vereinbarung von Beruf und Familie	z. B. Schaffung von Betreuungsplätzen für Kinder					
Digitalisierung und Innovation	z. B. Investition in Hard- und Software, Optimierung von Prozessen, Entwicklung digitaler Kundenservice, Erschließung digitaler Märkte, IT-Sicherheit und Datenschutz, Entwicklung neue Produkte und Dienstleistungen					
Unterstützung der Kultur- und Kreativwirtschaft	z. B. Audio- und Audiovisuelle Aufnahmen, Promotion- und Marketingmaßnahmen, Teilnahme an Musikmessen, Festivals, Konferenzen, Filmproduktionen					

1.6 Übliche Fördermaßnahmen

Zunächst ist festzuhalten, dass Ausgaben eines KMUs gefördert werden. Ein Unternehmer hat in der Regel, insbesondere wenn Zuschüsse beantragt werden, einen eigenen Anteil bei einem Fördermitteprojekt zu leisten. Der Eigenanteil kann in Form von Geld oder auch von Eigenleistung, z. B. Entwicklungsarbeit, erbracht werden. Dies muss durch einen Nachweis belegt werden. Weitere Informationen hierzu in Kapitel 7.

Die Quote des Eigenanteils variiert je nach Förderprogramm und ist der entsprechenden Richtlinie zu entnehmen. Mit der folgenden Checkliste können anhand der grundsätzlich förderbaren Ausgaben erste Positionen erfasst werden.

Checkliste 4: Ausgaben		
Ausgaben	**Beispiele**	**Geplante Ausgaben**
Investitionen	z. B. Anschaffung neuer Maschinen, Gebäude, Werkzeuge, Firmenfahrzeuge, Hardware, Software, Betriebs- und Geschäftsausstattung, Maßnahmen für den Umweltschutz	
Betriebsmittel	z. B. Material- und Warenlager	
Personalkosten bzw. Lohnkosten	Personalaufwand für Entwicklung Innovationen, benachteiligte Personen, Migration	
Renovierungskosten und Umbaukosten	z. B. Maßnahmen zur Steigerung der Energie- und Materialeffizienz, Reduzierung von CO2	
Lebenshaltungskosten	z. B. Gründungsphase, Stipendien	
Kosten für Messen und Marketing	z. B. Markeintritt bei Innovationen	
Fortbildungskosten	z. B. Meisterschule, Kosten Ausbildereignungsprüfung	
Beratungskosten	z. B. Betriebswirtschaftliche Beratungen, Digitalisierungsberatung, Innovationsberatung, Nachfolgeberatung, Marketingberatung	

MERKE

I. Eigenmittel

Wenn ein KMU Fördermittel, insbesondere Zuschüsse in Anspruch nehmen möchte, muss es in der Regel immer auch eigenes Geld investieren.

II. Anforderungen steigen mit Vorteilen

Je größer der Vorteil für das KMU, z. B. je höher die Förderquote oder zuwendungsfähigen Kosten sind, desto höher sind die Ansprüche, welchen das Projekt und das KMU gerecht werden müssen.

III. Politischen Zielen gerecht werden

Um in den Genuss von Fördermitteln zu kommen, ist es nicht ausreichend, wenn ein KMU Ausgaben tätigt. Vielmehr muss das Projekt der strategischen Zielsetzung der Regierung gerecht werden.

IV. Ausgeschlossen oft Unternehmen in Schwierigkeiten

Grundsätzlich nicht förderbar sind Unternehmen in Schwierigkeiten bzw. von der Insolvenz bedrohte oder in der Insolvenz. Eine konkrete Definition hierzu ist den Richtlinien zu entnehmen.

1.7 Anspruch auf ordnungsgemäße Entscheidung nach Ermessen

Juristisch fallen die Fördermittelrichtlinien unter das Verwaltungsrecht. Über Fördermittelanträge wird auf der Basis des Ermessens entschieden. Gesetzliche Grundlage sind § 40 VwVfG, § 114 VwGO. Auf dieser Rechtsgrundlage hat das KMU einen Anspruch auf eine fehlerfreie Ermessensentscheidung. Liegt ein Ermessensfehler vor, kann Widerspruch eingelegt oder Klage beim Verwaltungsgericht eingereicht werden.

Es wird zwischen drei Ermessensfehlern differenziert:

- Ermessensunterschreitung,
- Ermessensfehlgebrauch,
- Ermessensüberschreitung.

PRAXISBEISPIEL

Der Antrag wird abgelehnt, da es für das Unternehmen keine Zukunftsperspektive gibt. Die Grundlage dieser Entscheidung war ein Branchenbericht für die Entwicklung von Kinos. In dem Projekt handelte es sich jedoch um ein Onlineportal. Hier kann Widerspruch wegen Ermessensfehlgebrauch mit großen Erfolgschancen eingereicht werden.

HINWEIS

Die Bayerische Staatskanzlei hat ein aktuelles Urteil eines Ermessensfehlgebrauchs bzgl. der Ablehnung eines Gründungszuschusses veröffentlicht (LSG München, Urteil v. 20.4.2017 - 9 AL 49/14). Der Klage wurde mit der Begründung stattgegeben, dass die schematische Anknüpfung an ermessenslenkende Weisungen der Bundesagentur ohne ausreichende Prüfung des Einzelfalles einen Ermessensfehlgebrauch darstellt.

MERKE

Es besteht kein Rechtsanspruch auf die Bewilligung von Fördergeldern, aber es besteht ein Anspruch auf ordnungsgemäße Entscheidung nach Ermessen und auf Offenlegung, nach welchem Ermessen die Entscheidung getroffen wurde.

1.8 Einschränkung der Europäischen Union

Viele Förderprogramme werden gemäß Kapitel 1.2. aus Mitteln der Europäischen Union gespeist.

Unternehmen, denen Beihilfen gewährt werden, erringen im Vergleich zu ihren Mitbewerbern Vorteile. Die EU will Wettbewerbsverzerrungen vermeiden, um den Handel zwischen den Mitgliedstaaten nicht zu beeinträchtigen (Art. 107 Abs. 1 AEUV). Der Begriff Beihilfe wurde von der EU geprägt.

MERKE

Beihilfen sind:

- Zuschüsse,
- Darlehen,
- Bürgschaften,
- Beteiligungen.

Beihilfen sind nach Art. 108 Abs. 3 Satz 1 AEUV der Europäischen Kommission anzumelden. Die De-minimis-Verordnung ist Grundlage für Schwellenwerte und zu meldende Maßnahmen. Grundsätzlich betrifft die Verordnung alle Wirtschaftsbereiche bis auf folgende Ausnahmen:

- Fischerei und Aquakultur,
- landwirtschaftliche Erzeugnisse,
- Erwerb von Fahrzeugen für den Straßengüterverkehr,
- bestimmte exportbezogene Tätigkeiten.

MERKE

Innerhalb von drei Jahren darf der Höchstbetrag der Beihilfen max. 200.000 € (Straßengüterverkehrsgewerbe max. 100.000 €) betragen.

PRAXISTIPP

Unternehmer sollten im Vorfeld prüfen, ob und in welcher Höhe gegebenenfalls Fördermittel bereits in Anspruch genommen wurden. Fördermittelberater bieten hier Unterstützung und können anhand der Bewilligungsbescheide den Wert der Beihilfen ermitteln.

DOWNLOAD

Allgemeines Merkblatt zu Beihilfen
https://www.ausbildung-foerdermittelberater.de/download
Code: NWB2018FMB1

1.9 Ausnahmen gemäß der AGVO (Allgemeine Gruppenfreistellungsverordnung)

Freigestellt wird ein KMU, sofern Maßnahmen mit Fördermitteln genutzt werden, aufgrund derer ein spürbarer Beitrag geleistet wird:

- zur Schaffung von Arbeitsplätzen,
- zur Stärkung der Wettbewerbsfähigkeit in Europa.

Für folgende Gruppen findet die AGVO Anwendung:

- Regionalbeihilfen,
- Beihilfen für kleine und mittlere Unternehmen (KMU) in Form von Investitionsbeihilfen, Betriebsbeihilfen und Beihilfen zur Erschließung von KMU-Finanzierungen,
- Umweltschutzbeihilfen,
- Beihilfen für Forschung und Entwicklung und Innovation,
- Ausbildungsbeihilfen,

- Einstellungs- und Beschäftigungsbeihilfen für benachteiligte Arbeitnehmer und Arbeitnehmer mit Behinderungen,
- Beihilfen zur Bewältigung der Folgen bestimmter Naturkatastrophen,
- Sozialbeihilfen für die Beförderung von Einwohnern entlegener Gebiete,
- Beihilfen für Breitbandinfrastrukturen,
- Beihilfen für Kultur und die Erhaltung des kulturellen Erbes,
- Beihilfen für Sportinfrastrukturen und multifunktionale Freizeitinfrastrukturen,
- Beihilfen für lokale Infrastrukturen,
- Beihilfen für Regionalflughäfen sowie
- Hafenbeihilfen.

HINWEIS

In der Regel kann man den Fördermittelrichtlinien entnehmen, ob die Inanspruchnahme der Mittel De-mimimis-pflichtig ist oder nicht.

1.10 Arten der Fördermittel

Bei Fördermitteln kann zwischen fünf Arten differenziert werden. Nachfolgende Tabelle soll einen ersten Überblick der Fördermittelarten inklusive einiger Beispiele von Förderprogrammen geben:

TAB. 2: Struktur Fördermittelarten

Fördermittelart	Darlehen	Beteiligungen	Bürgschaften	Garantien	Zuschüsse
Mögliche Förderprogramme	ERP-Gründerkredit	ERP-Beteiligungsprogramm	Bürgschaftsprogram L-Bank	Auftragsgarantie LfA Förderbank Bayern	GRW
	KFW-Unternehmerkredit	NRW SeedCap Digitale Wirtschaft	Ausfallbürgschaft der Bürgschaftsbank Bayern	KFW-Kredit für Wachstum	ZIM
		Beteiligungskapital der BayBG			go-digital

Darlehen, Beteiligungen, Bürgschaften und Garantieren fallen unter den § 19 KWG ff. und sind somit Kredite.

1.10.1 Zinsbegünstigte Darlehen und Kredite

Bei einem Darlehen handelt es sich um einen schuldrechtlichen Vertrag, bei welchem entweder Geld oder eine Sache zum Gebrauch überlassen werden. Im Darlehensvertrag verpflichtet sich der Darlehensgeber dem Darlehensnehmer einen Geldbetrag in einer vereinbarten Summe zur Verfügung zu stellen. Der Darlehensnehmer hat bei Fälligkeit den Darlehensbetrag zurückzuzahlen und zahlt für die Zurverfügungstellung des Geldes einen Zins (§488 BGB). Neben einer Vielzahl von Darlehensvarianten wird unterschieden zwischen:

- Festdarlehen:
  Tilgung des Darlehens erfolgt in einem Betrag zu einem fest vereinbarten Termin
- Annuitätendarlehen (zwei Alternativen):
  Tilgung erfolgt in gleichbleibenden Zahlungen, die Zinsen werden jeweils auf die Restschuld berechnet. Daher sinkt im Verlauf der Zeit der Zinsanteil bzw. der Tilgungsanteil steigt.
- Abzahlungs- und Ratendarlehen:
  Tilgung erfolgt in gleichbleibenden Raten. Die zu zahlenden Zinsen werden am Anfang zur Darlehenssumme berechnet, um anschließend die Höhe der Raten zu ermitteln.
- Nachrangdarlehen:
  Bei Nachrangdarlehen werden keine weiteren Sicherheiten erforderlich. Im Falle einer Insolvenz werden die Forderungen dieser Gläubiger nachrangig beglichen. Aufgrund des erhöhten Ausfallrisikos sind die Zinsen für Nachrangdarlehen in der Regel höher als bei anderen Darlehen (z. B. KFW-Unternehmerkredit).

MERKE

Die Beantragung der Förderkredite erfolgt in der Regel über die Hausbank, welche im Vorfeld die Tragfähigkeit des Vorhabens prüft und dann eine positive Empfehlung an die Förderbank erteilt. Auch wenn die Hausbank den Kredit befürwortet, ist das noch kein Garant für eine Bewilligung des Förderinstitutes.

HINWEIS

Vorteile der Förderkredite:

Förderkredite bieten günstigere Konditionen als konventionelle Banken. Zinsen sind niedriger und oft gibt es Haftungsfreistellungen für die Hausbanken.

PRAXISTIPP

Der ERP-Gründerkredit bietet eine 80%ige Haftungsfreistellung für die durchreichende Hausbank. Die KFW macht keine weiteren Vorgaben für die Besicherung des Darlehens. Aufgrund dieser Konstellation ist es durchaus möglich, bei einem Gründungskonzept, welches inklusive Unternehmerpersönlichkeit erfolgsversprechend ist, eine 100 % Finanzierung ohne zusätzliche Sicherheiten bewilligt zu bekommen.

BEISPIEL

Mögliche Förderkredite:

- ERP-Gründerkredit
- ERP Digitalisierungs- und Innovationskredit
- Wachstumsfinanzierung Hessen
- Wachstumsfinanzierung Baden Württemberg
- Gründerdarlehen Bayern
- NRW Gründungs- und Wachstumsfinanzierung

1.10.2 Nicht rückzahlbare Zuschüsse

Sogenannte „verlorene Zuschüsse" müssen nicht zurückgezahlt werden und sind meistens für einen bestimmten Zeitraum an die Einhaltung von Auflagen gebunden. Zuschüsse gehören zu den beliebtesten Förderarten. Diese sind im Vergleich zu den anderen Förderarten an einen höheren Anspruch eines Förderprojektes gebunden. Zuschüsse werden als politisches Steuerungsinstrument dann eingesetzt, wenn die Herausforderungen eines strategischen politischen Zieles besonders hoch sind. KMUs sollen motiviert werden bzw. die Möglichkeit erhalten, Projekte umzusetzen, für die gegebenenfalls nur wenig finanzielle Ressourcen vorhanden, aber erfolgsversprechend sind.

MERKE

Die Chancen auf Fördermittel mit Zuschüssen sind dann groß, wenn die Erreichung eines strategischen politischen Zieles der Regierung erreicht werden kann und für das KMU mit besonderen Herausforderungen verbunden ist. Hierzu gehören z. B. das Vorantreiben von:

- Innovationen,
- Umweltschutz,
- Energieeffizienz,
- Fachkräftesicherung,
- Migration,
- Digitalisierung.

HINWEIS

Vorteile der Zuschüsse:

Zuschüsse sind wie zusätzliches Geld bzw. Kapital zu bewerten. In der Bilanz werden Zuschüsse entweder von den Anschaffungs- und Herstellungskosten einer Investition abgesetzt oder auf die Nutzungsdauer einer Abschreibung verteilt.

PRAXISTIPP

Sofern vorgenannte Interessen der Regierung bedient werden, können im Rahmen der jeweiligen Richtlinie beispielswiese für folgende Ausgaben Zuschüsse beantragt werden:

- Investitionen in Umweltmaßnahmen,
- Investitionen in Hardware und Software,
- Personalkosten,
- Fortbildungskosten,
- Kosten für den Lebensunterhalt,
- Unternehmensberatungsleistungen.

PRAXISBEISPIEL

Mögliche öffentliche Förderprogramme für Zuschüsse:

- ZIM (Zentrales Innovationsprogramm Mittelstand)
- GRW (Gemeinschaftsaufgabe „Verbesserung der regionalen Wirtschaft“)
- LEADER Förderung (Förderung der Entwicklung des ländlichen Raumes)
- Einstiegsqualifizierung Jugendlicher
- Programme zur Berufsbildung 4.0
- BMU-Umweltsinnovationsprogramm
- Innovationsassistenten (z. B.: Berlin, NRW)
- BAFA Förderung unternehmerisches Know-how

1.10.3 Öffentliche Bürgschaften

Zur Absicherung von Finanzierungen verlangen die Kreditgeber Sicherheiten. Bankübliche Sicherheiten sind z. B.:

- Grundschulden,
- Sicherungsübereignung von Maschinen, Fahrzeugen,
- Abtretung von Forderungen,
- Garantien.

Wenn ein Kreditnehmer über keine oder nicht ausreichende Sicherheiten verfügt, kann er eine öffentliche Ausfallbürgschaft in Anspruch nehmen. Eine Bürgschaftsbank bürgt z. B. bis zu 80 % der Finanzierung z. B. für Investitionen. Mit der Reduzierung des Ausfallrisikos steigt die Motivation eines Kreditinstitutes, Kredite zu gewähren.

MERKE

Die öffentliche Bürgschaft schützt ausschließlich das Ausfallrisiko des Kreditinstitutes. Der Kreditnehmer, wird nicht von seiner Verpflichtung entbunden, den Kredit zurückzuzahlen.

Es wird zwischen Bürgschaftsbanken bzw. Kreditgarantiegemeinschaften und Landesbürgschaftsprogrammen differenziert.

TAB. 3: Bürgschaften

Bürgschaften in €	Bürgschaftsbanken	Landesbürgschaftsbanken	
	Beteiligung z. B. von Kammern (HWK, IHK, Kammer der freien Berufe) Wirtschaftskammern und Innungen Banken und Sparkassen Versicherungsunternehmen	Bundesländer	
		Alte Bundesländer	Neue Bundesländer, Berlin-Ost
	Bis max. 1,25 Mio.	Bis 10 Mio.	Über 10 Mio.

Für die Beantragung stehen zwei Wege offen:

ABB. 6: Beantragung der Bürgschaft

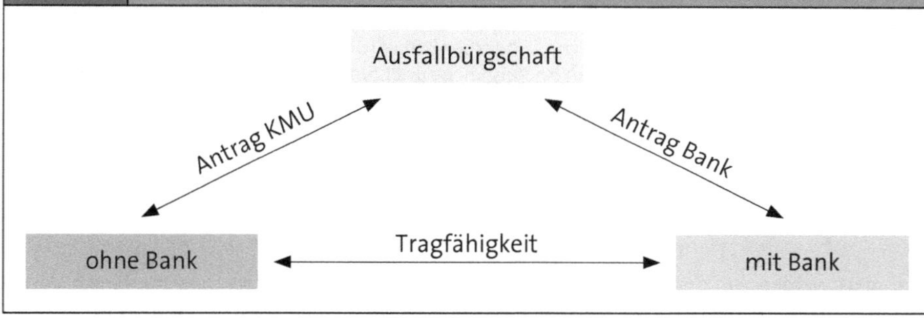

Die Beantragung kann über die Hausbank erfolgen. Voraussetzung ist die positive Bewertung des Vorhabens und nicht ausreichende Sicherheiten.

Existenzgründer oder Unternehmer können sich auch direkt an die zuständige Bürgschaftsbank zur Beantragung wenden. Der Bürgschaftsbank sind die gleichen aussagekräftigen Unterlagen wie z. B. ein Businessplan vorzulegen, wie es bei der Hausbank der Fall ist.

MERKE

Voraussetzung bei beiden Wegen ist die Tragfähigkeit des Vorhabens. Diese wird entweder von der Bürgschaftsbank oder Hausbank geprüft. Zuständig ist die Bürgschaftsbank des Betriebssitzes.

HINWEIS

Vorteile der öffentlichen Bürgschaften:

KMUs sind im Vergleich zu Großunternehmen bzgl. der Finanzierungsmöglichkeiten tendenziell benachteiligt. Mit einer öffentlichen Bürgschaft können ohne weitere bankübliche Sicherheiten Finanzierungen ermöglicht werden.

PRAXISTIPP

Für die Inanspruchnahme einer öffentlichen Bürgschaft sind in der Regel eine einmalige Gebühr bis zu 1,5 % zzgl. jährliche Bürgschaftsprovision bis zu 1,5 % des Bürgschaftsbetrages zu vergüten. Bei der Beantragung von Förderkrediten von Länderbanken wird oft die Inanspruchnahme einer Bürgschaft empfohlen. Hier sind die Kosten im Vergleich zur Beantragung eines KFW-Kredites mit einer möglicherweise inkludierten Haftungsfreistellung im Rahmen einer Fördermittelanalyse zu prüfen.

BEISPIEL

Gefördert werden von den Landesbürgschaftsbanken beispielsweise folgende tragfähige Vorhaben:

- Existenzgründungen und Betriebsübernahmen
- Investitions- und Wachstumsfinanzierungen
- Betriebsmittel
- Kontokorrent- und Avalkredite

1.10.4 Öffentliches Beteiligungskapital

Innovative Unternehmen, die mit einem neuen Produkt den Markt erobern wollen oder stark wachsende Unternehmen, haben oft einen hohen Kapitalbedarf. Diese können evtl. keine bankübliche Sicherheiten oder ausreichendes Eigenkapital für eine herkömmliche Finanzierung anbieten. Aufgrund des erhöhten Risikos sind öffentliche Beteiligungen eine Alternative. Hierbei handelt es sich in der Regel um stille Beteiligungen, so dass die Kapitalgeber keinen Einfluss auf das Tagesgeschäft nehmen.

TAB. 4:	Beteiligungen		
Phase	Frühfinanzierung Seed- und Start-up Finanzierung	Expansion und Wachstum	Weitere Anlässe
Anlass	Innovative Geschäftsidee z. B. von Technologieunternehmen, Markteinführung	Geschäftserweiterung, z. B. Produktion, Vertrieb, Produktdiversifikation,	Unternehmensnachfolgen, Abfindung von Gesellschaftern, Umstrukturierung, Turnaround-Finanzierung

MERKE

Vorausgesetzt werden hohe Erfolgs- und Wachstumschancen. Die Kosten sind im Vergleich zu anderen Finanzierungsarten entsprechend dem Risiko vergleichsweise hoch. Der öffentliche Kapitalgeber ist jedoch nicht am Gewinn beteiligt. Das Unternehmen ist dem Kapitalgeber zur Rechenschaft verpflichtet. Es ist regelmäßig Bericht zu erstatten. Dies erfolgt mit der Vorlage vierteljährlicher betriebswirtschaftlicher Auswertungen (BWA) und jährlicher gemeinsamer Besprechung des Jahresabschlusses.

HINWEIS

Vorteile der Beteiligungen:

Der öffentliche Kapitalgeber übernimmt eine beratende Funktion. Das bedeutet zusätzliches Know-how für das Unternehmen. Durch die Erhöhung der Eigenkapitalquote verbessert sich für das KMU das Rating. So wird die Verhandlungsposition für günstigere Konditionen bei weiterem Finanzierungsbedarf gestärkt.

PRAXISTIPP

Die Mittelständischen Beteiligungsgesellschaften (MBG) ist in allen Bundesländern zu finden. Gesellschafter sind Kammern und Wirtschaftsverbände aller Branchen, Kreditinstitute, Versicherer und auch Förderinstitute. Da die Kapitalgeber vor Ort sind, verfügen sie über die regionalen Markt- und Branchenkenntnisse und sind Ansprechpartner bei der Beantragung. Diese haben sich auf KMUs und Existenzgründer auch mit geringem Kapitalbedarf spezialisiert.

Neben öffentlichen Beteiligungsgesellschaften bietet der BVK (Bundesverband Deutscher Kapitalbeteiligungsgesellschaften/„German Venture Capital Association e.V.") die Möglichkeit, weitere und passende Beteiligungspartner zu finden.

BEISPIEL

Mögliche Bundesprogramme:

- ERP-Beteiligungsprogramm
- High-Tech Gründerfonds (HTGF)

1.11 Projektträger

Für die Beantragung und Durchführung einzelner Förderprogramme, insbesondere für öffentliche Zuschüsse, sind in der Regel Projektträger verantwortlich. Hierzu gehören z. B. die EuroNorm GmbH, Aif Projekt GmbH, VDI Technologiezentrum GmbH (VDI-TZ), DLR Projektträger (DLR-PT), RKW usw.

Im Auftrag der Bundesministerien haben die Projektträger folgende Aufgaben:

- fachliche Beratungen der Antragsteller,
- Vorbereitung der Förderentscheidungen,
- Abwicklung der Administration von der Beantragung bis zum Abruf der Mittel,
- Durchführen der Erfolgskontrolle,
- vollständige Projektbegleitung.

Die Projektträger sind zur Verschwiegenheit und Einhaltung der Wettbewerbsneutralität verpflichtet.

HINWEIS

Der zuständige Projektträger kann der jeweiligen Richtlinie entnommen werden.

2. Zusammenarbeit zwischen Unternehmer und KMU-Fördermittelberater zur Entwicklung eines Fördermittelprojektes

Die Fördermittelrecherche, Fördermittelanalyse sowie die Beantragung bis zum Abruf der Mittel und Erfolgskontrolle gehören nicht zum Tagesgeschäft der meisten Unternehmer. Ein qualifizierter KMU-Fördermittelberater kann hier professionelle Unterstützung bieten. Anlaufstellen sind auch Kammern wie z. B. die HWK, IHK oder Wirtschaftsverbände. Diese können erste Informationen liefern. Kammerberater decken jedoch eine Vielzahl von Aufgaben ab. Folglich kann eine individuelle Hilfestellung bei der Entwicklung eines Förderprojektes nicht geleistet werden.

HINWEIS

Aufgrund der Wettbewerbsneutralität von Kammern werden auch keine konkreten freien KMU-Fördermittelberater empfohlen.

MERKE

Ein Unternehmer ist bei der Recherche und Auswahl eines freien KMU-Fördermittelberaters auf sein eigenes Urteilsvermögen angewiesen.

2.1 Anforderungen an einen professionellen Fördermittelberater

Die Berufsbezeichnung Fördermittelberater ist gesetzlich nicht geschützt. Jeder darf sich ohne besondere Voraussetzungen zu erfüllen, so nennen und selbständig machen. Aufgrund der Vielzahl von Beratern mit unterschiedlichen Leistungen ist der Beratermarkt nur schwer zu überblicken. Selbst das Aufsuchen einer namenhafte Beratungskanzlei ist **kein Garant für**:

- Fachkompetenz,
- eine zufriedenstellende Zusammenarbeit oder
- ob das Honorar angemessen sein wird.

VORSICHT

Es werden teilweise von unseriösen Beratern günstige Erstgespräche angeboten, die ausschließlich zur Akquisition eines Beratungsauftrages dienen. Die eigentliche Beratung wird dann oft von verschiedenen Beratern, im ungünstigsten Fall auch noch mit geringerer fachlicher Qualifikation, durchgeführt.

MERKE

Die Beratung sollte anschließend auch von dem Fördermittelberater durchgeführt werden, mit dem der Unternehmer sein erstes Gespräch hatte. Wichtig ist auch, dass „die Chemie stimmt".

PRAXISTIPP

Vor der Beraterauswahl sollte sich der Unternehmer darüber im Klaren sein, was er im Unternehmen erreichen und umsetzen möchte. Wichtig ist auch, sich Gedanken darüber zu machen, mit welchen Aufgaben ein externer Fördermittelberater das Unternehmen unterstützen soll. Mit nachfolgender Checkliste kann sich der Unternehmer auf das Erstgespräch mit dem Fördermittelberater zur Vorstellung seines Vorhabens vorbereiten.

Checkliste 5: Vorbereitung Erstgespräch		
Frage	**Information KMU**	**Notizen Berater**
Was wird geplant?		
Welche Investitionen oder Kosten werden für die Umsetzung des Projektes ca. entstehen?		
Welches Know-how und welche Ressourcen (Zeit, Personal, Geld) sind im Unternehmen ca. vorhanden?		
Wo wird Unterstützung von einem externen Berater benötigt?		
Welche Erwartungen werden an diesen gerichtet?		
Welches Ziel soll die Beratung erreichen?		
Was ist dem Unternehmer die Unterstützung durch den Berater wert?		
Welches Budget wird für die Beratungskosten geplant?		

Sobald die Phase der Konkretisierung des Vorhabens abgeschlossen ist, wird der Unternehmer prüfen, ob eine Unterstützung durch einen Experten sinnvoll und wirtschaftlich ist. Bevor die Recherche nach einem Fördermittelberater starten kann, ist festzulegen, welchen Anforderungen dieser entsprechen sollte. Hierzu dient die nachfolgende Checkliste

Checkliste 6:	Anforderungen an einen Fördermittelberater		
Kriterium	**Anforderungen**	**Name:**	
		Nachweise z. B.	**geprüft**
Qualifikation	z. B. betriebswirtschaftliches Studium, Ausbildung zum KMU-Fördermittelberater, Methodenkompetenz, regelmäßige Fortbildungen	Fortbildungsnachweise, Mitgliedschaft in Arbeitsgruppen von Beraterverbänden	
Qualität	Führt ein Qualitätsmanagement, Einhaltung von Beratungsgrundsätzen	ISO DIN 9001 Zertifizierung, autorisierter Berater in öffentlichen Förderprogrammen z. B. BAFA, go-inno usw., Vermögenschaden-Haftpflicht-Versicherung	
Berufserfahrung	Mindestens drei Jahre in der Fördermittelberatung von KMUs, Fachkompetenz	Mindestens drei Kundenreferenzen mit Ansprechpartner	
Methodenkompetenz und Softskills	Hohe Problemlösungskompetenz, Erfassen komplexer Vorgänge, analytisches Denken, verständliche u. strukturierte Vermittlung komplexer Zusammenhänge, Verhandlungskompetenz, Beratungsmethoden s. Kapitel 8.1	Offenlegung und Vorstellung der Beratungsmethoden, Ausbildungsnachweise, Fortbildungsnachweise, Vortrags- und Veranstaltungstätigkeiten, Publizieren von Fachbeiträgen	
Vernetzt	Kontakte zu Ansprechpartnern	Kooperationspartner, Mitgliedschaften in Verbänden, Branchenvereinen oder Wirtschaftsvereinen	
Beratungskostenzuschüsse	Autorisierung in öffentlichen Förderprogrammen	BAFA, go-Inno, go-digital, unternehmensWert:Mensch	
Technische Ausstattung	Hoher Digitalisierungsgrad	Nutzung neuer Technologien, Cloudcomputing, Onlinekonferenzen, Einsatz von Beratersoftware, digitaler Kundenservice, neueste Hard- und Software, IT-Kenntnisse	

PRAXISTIPP

In der Regel veröffentlichen Unternehmensberater ihre Vita inklusive Fortbildungsnachweisen im Internet z. B. auf den Websites der Beratungskanzleien, auf Xing oder LinkedIn, so dass einige Punkte der Checkliste hier bereits abgearbeitet werden können. Unternehmer sollten den ersten Termin zum Kennenlernen durchaus im Beratungsunternehmen vereinbaren. So können sie sich einen ersten Eindruck von der Organisation und Technik verschaffen.

HINWEIS

Auch Kammern, Berufsverbände oder Projektträger können Tipps zur Zusammenarbeit mit Unternehmensberaterin geben.

2.2 Das Beratungshonorar

Im Rahmen der Fördermittelberatung werden verschiedene Vergütungskonstellationen angeboten. Hierzu können gehören:

- Honorar nach Tagessätzen,
- Erfolgsprovision,
- Tageshonorar + Erfolgsprovision.

PRAXISTIPP

Die Regierung möchte die KMUs mit der Förderung von externem Know-how unterstützen. Unternehmen können Zuschüsse für das Honorar beantragen. Ein Vorteil hierbei ist, dass die Berater sich mit der Höhe des Honorars an den jeweiligen Förderprogrammen orientieren. Das schafft Transparenz. Weitere Informationen hierzu im Kapitel 8.

MERKE

Ein Beratertag enthält 8 Beratungsstunden. Als Beratungszeit angerechnet werde sämtliche vereinbarte Tätigkeiten wie z. B.:

- persönliche Beratungsgespräche,
- telefonische Gespräche,
- Onlinekonferenzen,
- Recherchetätigkeiten,
- Erstellung von Konzepten und Analysen,
- Begleitung zu Verhandlungen.

Gemäß Berufsverbänden sowie Empfehlungen der BAFA beträgt der Tagessatz in der Regel 600 € bis 5.000 €. Gemäß BDU werden in über 90 % der Fälle ein Zeithonorar oder ein Festpreis vereinbart. In der Fördermittelberatung werden auch Erfolgsprovisionen angeboten.

Erfolgsprovisionen sind oft ein Instrument zur Fehlsteuerung. Bei dieser Vereinbarung wird die Vergütung nur im Falle der Bewilligung eines Fördermittelantrages fällig. Im Umkehrschluss erhält der Fördermittelberater im Falle eines Ablehnungsbescheides für seine Tätigkeit kein Honorar. Je nach Größenordnung und Anzahl der Arbeitstage, kann sich das existenziell für ihn auswirken. Eine Kundenabhängigkeit, mit der Auswirkung evtl. auch um jeden Preis die Bewilligung zu erreichen, stellt ein Risiko für alle Beteiligten dar.

HINWEIS

Das Risiko von Fehlsteuerrungen kann mit dem Versicherungsmarkt verglichen werden. Um Vergütungsvereinbarungen mit Erfolgsprovisionen dort als Instrument zur Fehlsteuerung zu unterbinden, wurde bereits vor Jahren in einigen europäischen Ländern ein Provisionsverbot eingeführt. (Dänemark, Norwegen, Schweden, ...) Auch in Deutschland gibt es seit August 2014 ein Vergütungsmodell in dieser Branche mit Honorarvergütung (§ 34h GewO Honorar-Anlagenberater und Honorar-Finanzanlagenberater).

VORSICHT

Eine falsche Motivation erhöht das Risiko zum Subventionsbetrug. Nach § 264 StGb wird ein Verstoß mit einer Freiheitsstrafe bis zu fünf Jahren und einer Geldstrafe geahndet.

DOWNLOAD

BAFA Hinweise zur Beraterauswahl
https://www.ausbildung-foerdermittelberater.de/download
Code: NWB2018FMB1

2.3 Auswahl an Beraterpools

Es gibt eine Vielzahl von Portalen, die eine Recherche für Unternehmensberater bzw. Fördermittelberatern anbieten. Teilweise kann zu unterschiedlichen Kriterien wie z. B.: Region, Branche, Fachgebiet usw. gefiltert werden.

ABB. 7: Beratermarkt

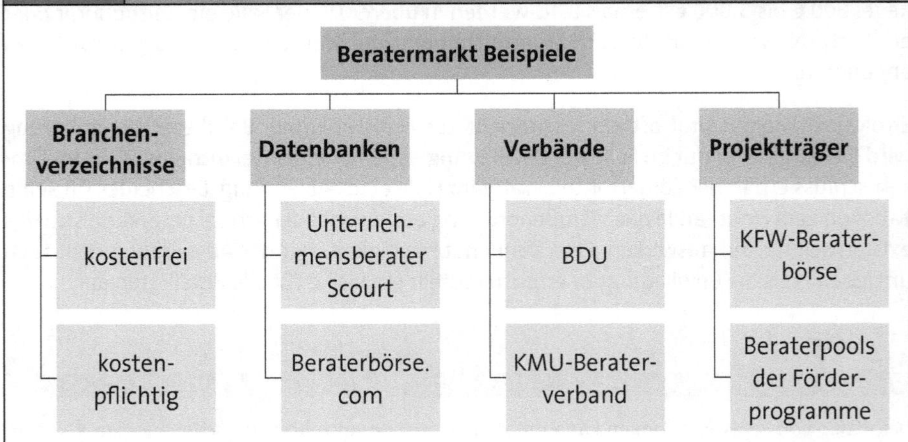

Eine Vielzahl der Beratungsunternehmen sind in Branchenverzeichnissen zu finden. Nur vereinzelt können hier weiterführende Informationen abgerufen werden. Diese Einträge dienen dem Beratungsunternehmen oft als SEO-Instrument z. B. für Klicks und Backlinks.

MERKE

Das Geschäftsmodell der Branchenverzeichnisse ist darauf ausgerichtet, mit den Einträgen Geld zu verdienen.

Betreiber von Datenbanken locken Beratungsunternehmen mit der Vermittlung von Beratungsaufträgen. Es handelt sich in der Regel um ein Abonnement. Der Unternehmensberater zahlt eine monatliche Gebühr für die Veröffentlichung seiner Informationen auf dem Portal und der Chance, hier Aufträge zu generieren.

MERKE

Der Schwerpunkt bei diesen Portalen liegt in der Regel bei der Vermarktung und ist kein Garant, den geeigneten oder qualifizierten Berater bei den ausgewiesenen Ergebnissen finden zu können.

Verbände wie z. B. der BDU und der KMU-Beraterverband stellen hohe Anforderungen an ihre Mitglieder. Hierzu gehören z. B. Qualifikation, Berufserfahrung, Nachweis durch Referenzen und Einhaltung von einheitlichen Beratungsgrundsätzen. In diesen Beratungsgrundsätzen verpflichten sich die Unternehmensberater unter anderem ausschließlich Beratungsaufträge anzunehmen, für die sie qualifiziert sind. Beide Verbände bieten mit ihren Beraterdatenbanken die Möglichkeit, nach verschiedenen Kriterien zu filtern. Als Ergebnis werden ausführliche Informationen vom selektierten Beratungsunternehmen geliefert.

MERKE

Verbände haben in der Regel das Interesse, den Berufsstand zu wahren, weiterzuentwickeln, für Qualität und so für ein gutes Images der Branche zu sorgen.

Projektträger bieten auf deren Internetseiten jeweils eigene Beraterportale an. Dort sind Berater zu finden, die für das jeweilige Förderprogramm zur Beantragung von Beratungskostenzuschüssen autorisiert sind. Die Anforderungen an eine Autorisierung sind meistens sehr anspruchsvoll. Beispielsweise müssen Berater auch darlegen, dass ihre Umsätze zu mindestens 50 % aus dem Beratungsgeschäft generiert werden. So soll der Nachweis erbracht werden, dass er hauptberuflich in der Beratung tätig ist. Hier wird auch darauf geachtet, dass das Verhältnis des geförderten Honorars zum Gesamtumsatz kein Risiko darstellt.

Auch die KFW-Beraterbörse hat die Eintragung an hohe Auflagen geknüpft. Stichprobenartige Überprüfungen der bewerteten Beratungsaufträge sollen die Sicherung der Qualität gewährleisten. Hierzu gehört z. B. die Anforderung vom vollständigen Beratungsbericht und Ausbildungs- sowie Qualifikationsnachweise vom Beratungsunternehmen in Stichproben. Auch die dort ausgewiesenen Referenzen der beratenen Kunden geben Aufschluss über die Qualität der Zusammenarbeit. Statistiken weisen die Ergebnisse im

Vergleich zu anderen Beratern aus. Das Portal wurde erst vor kurzem aktualisiert und weiterentwickelt.

MERKE

Die höchsten Anforderungen an Fachkompetenz bzw. Qualifikation und Qualität an Unternehmensberater stellen die Projektträger. Werden die Voraussetzungen nicht erfüllt, erfolgt keine Autorisierung bzw. kein Eintrag im entsprechenden Beraterpool. Sollte ein Berater gegen die Auflagen verstoßen, wird ein vorhandener Eintrag gelöscht.

PRAXISTIPP

Neben den Beraterverbänden und Projektträgern können persönliche Empfehlungen von Geschäftspartnern bei der Beratersuche sehr hilfreich sein und geben Kenntnisse über persönliche Skills eines Unternehmensberaters aus erster Hand.

HINWEIS

Auch eine individuelle Recherche mit Google gibt Aufschluss bei den Suchergebnissen über einen qualifizierten Berater. Einige Beratungsunternehmen betreiben veraltete Websites, Einträge bei Google My Business sind nicht aktuell oder nicht vollständig. Auch das kann ein Hinweis über mangelnde IT-Kenntnisse und fehlenden Einsatz neuer Technologien sein.

2.4 Aufgaben eines Fördermittelberaters und Mitwirkungspflicht des Unternehmers

Je nach Qualifikation, Fachkompetenz und Kundenanforderungen kann ein Fördermittelberater eine Vielzahl von Aufgaben erledigen. Je besser sich ein Unternehmer auf das erste Gespräch mit einem Fördermittelberater vorbereitet, desto klarer können im Anschluss die Aufgaben für ein zu erstellendes Angebot definiert werden.

Nachfolgende Checkliste dient als Arbeitsgrundlage und ist nach Bedarf entsprechend zu ergänzen bzw. beliebig zu erweitern.

Checkliste 7:	Aufgaben von Fördermittelberater und Unternehmer				
Thema	**Aufgabe**	**Zuständig**		**Relevant**	
		KMU	**Berater**	**Ja**	**Nein**
Bereitstellung von Unterlagen und Formularen	BWA, Bilanz, Unternehmensdaten, Patente, Verträge	X			
	Checklisten und Formulare		X		
Erstellung von Analysen	Schwachstellenanalyse Ist-Analyse Fördermittelanalyse Patentanalyse		X		
Betriebswirtschaftliche Kalkulationen	Kostenplanung Personalplanung Planung Entwicklungskosten Umsatzplanung Mindestumsatzberechnung Rentabilitätsberechnungen	X	X		
Recherchen	Begleitende Patentrecherche	X	X		
	Technologierecherche		X		
	Fördermittelrecherche		X		
	Mitbewerberrecherche	X	X		
	Recherche Forschungspartner	X	X		
Machbarkeitsanalyse	Kundenbedarf	X	X		
	Kundennutzen	X	X		
	Preisfindung	X	X		
	Marktpotenzial		X		
	Marktanalyse		X		
	Mitbewerberanalyse	X	X		
	Patentanalyse und Technologiebewertung	X	X		
Konzepterstellung	Finanzkonzept inklusive Fördermittelplanung und Ko-Finanzierung		X		
Verhandlungsgespräche	Projektträger		X		
	Banken	X	X		
	Kooperationspartner	X	X		
	Forschungspartner	X	X		

Thema	Aufgabe	Zuständig		Relevant	
		KMU	Berater	Ja	Nein
Administration	Erstellung von Anträgen	X	X		
	Auswertung von Unterlagen		X		
	Korrespondenz mit Projektpartnern		X		
	Führen von Projektlisten		X		
	Patentanmeldungen	X			
	Projektdokumentation		X		
Abruf der Mittel	Zusammenstellung der Belege	X			
	Vorbereitung des Verwendungs-nachweises	X	X		
Controlling	Erfolgskontrolle		X		
	Projektabschluss		X		

Der vorgenannten Checkliste ist zu entnehmen, dass es viele Schnittstellen zwischen Unternehmer und Fördermittelberater gibt. Eine intensive und vertrauensvolle Zusammenarbeit sind die Basis für ein erfolgreiches Fördermittelprojekt.

MERKE

Die Mitwirkung des Unternehmers und Bereitstellung der Unterlagen ist aus folgenden Gründen zwingend erforderlich:

- Grundlage für Analysen, Ausarbeitungen und Konzepte,
- Auswirkung auf die erfolgreiche Zielerreichung und Qualität der Ergebnisse,
- rechtliche Verpflichtung z. B. Unterzeichnung von Anträgen und Verwendungsnachweis,
- Kalkulationsgrundlage für die Beraterzeit- und Inhalte.

2.5 Welche Fragen sind mit dem KMU vorab zu klären

Auch der Fördermittelberater ist dazu angehalten, das erste Gespräch mit dem Unternehmer vorzubereiten.

ABB. 8: Informationen Erstgespräch

PRAXISTIPP

Das erste Gespräch zum Kennenlernen sollte ein Fördermittelberater zunächst kostenfrei anbieten. Dieses Gespräch von ca. einer Stunde kann persönlich oder auch telefonisch erfolgen. Es dient dazu, zu klären, ob eine Zusammenarbeit sinnvoll ist oder nicht. Folgende Fragen sollten geklärt werden:

Checkliste 8: Fragenkatalog kostenfreie Startberatung

Frage	**Information KMU**	**Notizen Berater**
Um welches Unternehmen handelt es sich?		
Handelt es sich um ein KMU?		
Was hat das Unternehmen geplant?		
Wo wird der Standort sein?		
Wie hoch werden der Projektwert und der Kapitalbedarf geschätzt?		
Gibt es schon Vorleistungen?		
Wurden bereits Fördermittel in Anspruch genommen?		
Wo wird Unterstützung benötigt?		
Welche Erwartungen werden an den Berater gerichtet?		
Welches Ziel soll die Beratung erreichen?		
Was ist dem Unternehmer die Unterstützung durch den Berater wert?		
Welches Budget wird für die Beratungskosten geplant?		

PRAXISTIPP

Der Fördermittelberater sollte in einem ersten Telefonat den Unternehmer bitten, sein Vorhaben in max. fünf bis zehn Sätzen zu schildern. Sinnvoll ist es auch, diese kurze Beschreibung vorab per Email dem Fördermittelberater zukommen zu lassen. Das hat den Vorteil für beide Beteiligten, dass ein Verzetteln in Details im Erstgespräch vermieden wird. Der Fördermittelberater sollte klar definieren, was das Ziel des Erstgespräches sein wird.

HINWEIS

Vorteile für den Fördermittelberater:

- Er kann sich thematisch darauf einstellen und prüfen ob die Fachkompetenz vorhanden ist.
- Mit dem Schildern des Vorhabens belegt der Unternehmer eine Ernsthaftigkeit und Interesse an einer Beratungsleistung.
- Ein Verzetteln in Details wird vermieden.
- Der Beratungsbedarf kann konkret ermittelt werden und schafft die Voraussetzung zur Erstellung des Beratungsangebotes.

Vorteile für den Unternehmer:

- Er kann prüfen, ob die Fachkompetenz und Skills vorhanden sind.
- Die Erwartungshaltung für eine Zusammenarbeit kann geklärt werden.
- Aufgaben können definiert werden, um ein Angebot zu erhalten.

Beide Beteiligten haben Chancen festzustellen, ob eine gute Zusammenarbeit möglich ist. Nur wenn die Chemie und das Vertrauen passen, werden die Ergebnisse für alle Beteiligten zufriedenstellend sein.

VORSICHT

Der Fördermittelberater sollte dem Unternehmer bereits im ersten Gespräch mitteilen, dass es keinen Anspruch auf Bewilligung der Fördergelder gibt und dass mit dem Vorhaben noch nicht begonnen worden sein darf.

2.6 Das Beratungsangebot

Nach Prüfung der ersten Fragen und Feststellung der KMU-Kriterien kann konkret auf den ermittelten Beratungsbedarf ein Angebot erstellt werden. Ein Angebot sollte folgenden Inhalt haben:

Checkliste 9:	Vorbereitung Angebot
Thema	**To-Do Fördermittelberater**
Ziel der Beratung	z. B. Erstellung von Inhalten für Anträge oder Projektskizze
Definition Beratungsleistung	
Definition mögliche Ergebnisse	z. B. Fördermittelanalyse, Finanzkonzept, Patentanalyse
Anzahl Beratertage	
Höhe des Honorars	
Mögliche Nebenkosten	z. B. Reisekosten, Auslagen, ...
Beratungsmethoden	Welche kommen hier zum Einsatz
Laufzeit der Beratung	Start und Abschluss planen, gegebenenfalls Fristen von Förderprogrammen Beratungskostenzuschüsse berücksichtigen
Name der Ansprechpartner	Wer führt die Beratung durch? Wer ist für was zuständig?
Hinweis auf mögliche Förderprogramme Beratungskostenzuschüsse	z. B. Flyer von BAFA
Ablauf der Beratung	Darstellung in Phasen oder Meilensteinen

MERKE

Der Fördermittelberater sollte bereits im Angebot darauf hinweisen, dass der Kunde bzw. Unternehmer seiner Mitwirkungspflicht nachkommen muss.

PRAXISTIPP

In der Regel handelt es sich um allgemeine Fördermittelberatungen. Diese können im Rahmen eines Finanzkonzeptes durch Beantragung von Beratungskostenzuschüssen bei der BAFA angeboten werden. Auch hier kann ein individueller Beratungsvertrag abgeschlossen werden. Weitere Informationen hierzu in Kapitel 8.

HINWEIS

Angebote vergleichen:

Ein Unternehmer sollte zwei bis drei Angebote für sein Beratungsprojekt einholen. Da die Berater teilweise eine unterschiedliche Herangehensweise haben, werden sich mit jedem Angebotsgespräch neue wertvolle Erkenntnisse ergeben. Die Entscheidungsgrundlage für eine Beauftragung sollte sich keinesfalls ausschließlich auf das Honorar beziehen. Je nach Region, Qualifikation des Fördermittelberaters, Personalstruktur, technischen Ausstattung und Problemlösungskompetenz variiert das Honorar. So kann sich die Honorarhöhe schnell aufgrund der Effizienz in der Arbeitsweise und Qualität der Zielerreichung amortisieren.

DOWNLOAD

BDU: Tipps für eine erfolgreiche Zusammenarbeit mit Unternehmensberaterin
https://www.bdu.de/media/351958/tipps-fuer-zusammenarbeit-mit-ub_design2015-umsatz-2017.pdf

PRAXISBEISPIEL

Das Angebot zur Fördermittelberatung kann in unterschiedlicher Form ausgefertigt werden. Im Rahmen einer strukturierten Präsentation kann dem Unternehmer erläutert werden, wie öffentliche Fördermittel definiert werden und was in der Regel gefördert wird. Angebot und Vorgehensweise schließen sich an. Im Rahmen nachfolgender Mindmap können Inhalte für die Kundenpräsentation erarbeitet werden.

ABB. 9: Mindmap Agenda Angebot

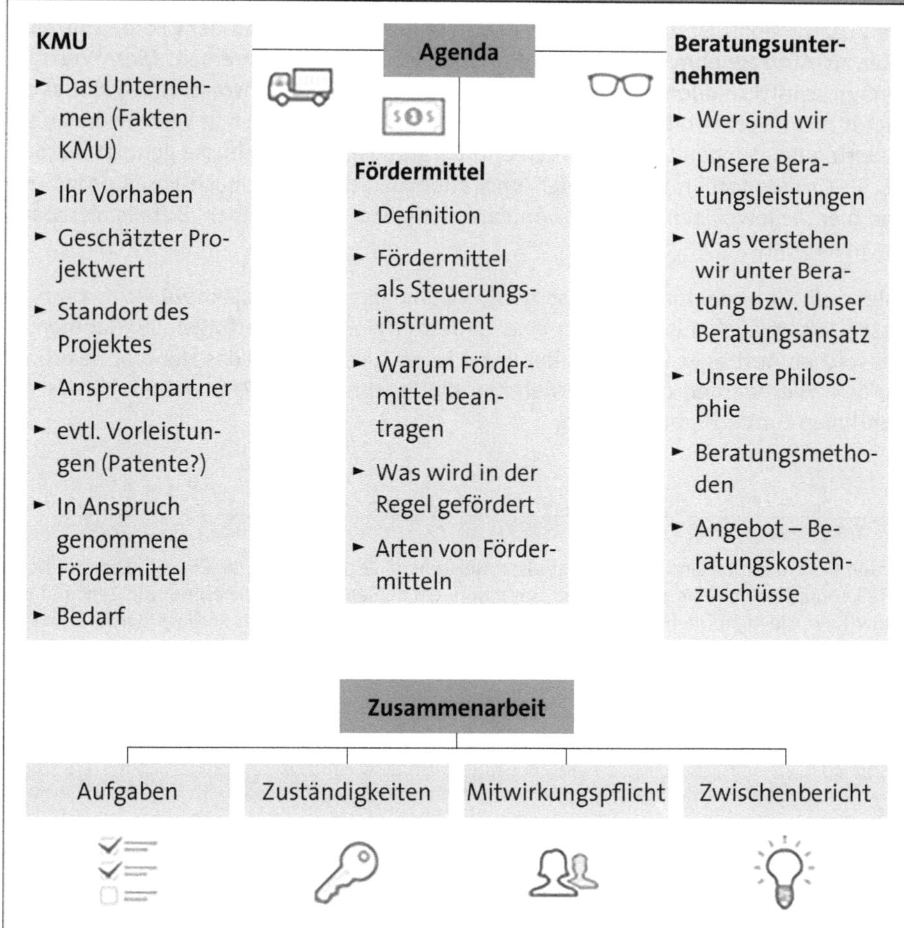

PRAXISTIPP

Nach dem ersten Gespräch mit dem Fördermittelberater, Ermittlung des Beratungsbedarfs und Präsentation des Angebotes liegen dem Unternehmer soweit alle Informationen zur Entscheidung vor. Ein souveräner Berater wird dem Unternehmer auch gerne Kontakte zu Referenzkunden mit vergleichbarem Beratungsschwerpunkt anbieten. Diese Vorgehensweise wird das Vertrauen in die Beratungsqualität steigern.

2.7 Der Beratungsvertrag

Die Zusammenarbeit zwischen dem KMU als Auftraggeber und dem Fördermittelberater als Auftragnehmer unterliegt grundsätzlich der Vertragsfreiheit. Diese Verträge können schriftlich oder auch mündlich vereinbart werden. Formvorschriften gibt es zunächst nicht. Fördermittelberatungen können als Teilberatungen in verschiedenen geförderten Beratungen vorgenommen und Beratungskostenzuschüsse genutzt werden, z. B. in Gründungsberatungen oder Innovationsberatungen. Je nach Förderprogramm sind hier die jeweiligen Vertragsformulare zwingend zu verwenden. Details hierzu folgen in Kapital 8.

Sofern ein Unternehmer zunächst kein vollständiges Förderprojekt wünscht, kann im ersten Schritt auch ausschließlich eine Fördermittelrecherche erfolgen. Im Rahmen eines solchen Auftrages können in der Regel keine Zuschüsse für das Honorar beantragt werden. Hier werden dem Unternehmen die Ergebnisse der Recherche inklusive der Richtlinien zur Verfügung gestellt.

HINWEIS

Für ein Unternehmen sind solche Ergebnisse meistens schlecht verwertbar. Eine Fördermittelrichtlinie kann schon mal bis zu 80 Seiten umfassen. Oft fehlen dem Unternehmer die Zeit und das Know-how, die Richtlinien zu lesen, zu analysieren und zu prüfen, ob das Förderprogram zum Projekt passt.

PRAXISTIPP

Kammern und Verbände bieten Muster für Beratungsverträge mit ausführlichen Erläuterungen an. Nachfolgende Beratungsinhalte haben sich in der Fördermittelberatung für eine konzeptionelle „Allgemeine Beratung", grundsätzlich förderbar über die BAFA, exemplarisch als praktikabel erwiesen.

Je nach Beratungs-Knowhow und Beratungsschwerpunkt können Musterverträge sowie unten genannte beispielhafte Inhalte für das eigene Geschäftsmodell modifiziert werden. Um Rechtsstreitigkeiten möglichst zu vermeiden, sollte der individuell erarbeitete Entwurf des Beratungsvertrages nochmals von einem Juristen geprüft werden.

Checkliste 10:	Mögliche Inhalte für einen Beratervertrag am Beispiel einer konzeptionellen Fördermittelberatung	
Thema	**Beschreibung**	
Vertragspartner	Vollständige Bezeichnung	
Projekt	Allgemeine Beratung - Finanzkonzept	
Leistungsvereinbarung	Einzelne Leistungsstufen unter Angabe der jeweiligen Beratertage z. B.:	
	Leistungsbeschreibung	Anzahl Beratertage
	Ist-Analyse/Schwachstellen, Finanz- und Vermögensstatus	1
	Investitionsplanung (z. B. Unterstützung bei Einholung von Angeboten u. Analyse)	1
	Fördermittelrecherche, Fördermittelanalyse, Finanzierungsplanung	1
	Erstellung von Projekt/Businessplänen mit allen erforderlichen Unterlagen und Anlagen nach betriebswirtschaftliche Kriterien mit konkreten Handlungsempfehlungen als weiterer Fahrplan	2
Hinweis	Beschreiben, welche Tätigkeiten zur Beratungszeit gerechnet werden wie z. B. Telefonate, Recherchen usw.	
	Wie wird die weitere Mitwirkung von zusätzlichen Tätigkeiten vergütet. Evtl. darauf hinweisen, dass bei Bedarf eine separate Vereinbarung getroffen wird.	
Leistungstermine	Hier die Laufzeit des Vertrages erfassen, z. B. bei einer Allgemeinen BAFA-Beratung muss die Beratung innerhalb von 6 Monaten abgeschlossen ein.	
Vorzeitige Beendigung	Hier kann eine Vergütung anteilig vom Honorar festgelegt werden, die bei vorzeitige Beendigung fällig wird.	
Vergütung	Die Höhe und Fälligkeiten des Honorars sind konkret zu definieren.	

	Honorar für Projektentwicklung	Erfolgsgebühren	Nebenkosten
	in € und in Worten 50 % fällig bei Vertragsunterzeichnung 40 % fällig bis spätestens bis zum...... 10 % nach Erstellung des Beratungsberichtes	z. B. 5 % der bewilligten Zuschüsse 1 % der genehmigt und bewilligten Darlehen	z. B. Reisekoste, Auslagen, Spesen

Hinweis	z. B.: „Bei einem Verstoß gegen die Förderrichtlinien durch den Auftraggeber, kann der Förderträger die Rückzahlung des Zuschusses veranlassen. In diesem Fall besteht für den Auftraggeber kein Anspruch auf Rückzahlung der Erfolgsgebühr.“
Vertraulichkeit	Verschwiegenheitserklärung Evtl. auch Hinweis auf Nutzung einer Cloud
Unteraufträge an Dritte	z. B. Der Berater ist berechtigt, für bestimmte Leistungen Mitarbeiter oder Unterauftragnehmer einzusetzen. Soweit nichts anderes vereinbart ist, geschieht dies auf eigene Kosten des Beraters.

Thema	Beschreibung
Gewährleistung und Haftung	Ausführliche Beschreibung
Mitwirkungspflicht des Kunden	Ausführliche Erläuterung und Hinweis auf § 264 StGB (Subventionsbetrug)
Zurückbehaltungsrecht	Nach Bedarf
Kein Anspruch auf Fördermittel	z. B.: der Auftraggeber wird daraufhin gewiesen, dass die Vergabe öffentlicher Mittel ausschließlich im Ermessen der Bewilligungsstelle liegt. Generell gilt, dass ein Rechtsanspruch auf Fördermittel nicht besteht. Daher übernimmt der Auftragnehmer keine Gewähr dafür, dass die zu stellenden Anträge auf Fördermittel bewilligt werden.
Schlussbestimmungen	Salvatorische Klausel

Im Rahmen dieser Fördermittelberatung sollten bereits die ersten Inhalte für ein Fördermittelprojekt erarbeitet werden. Diese werden als Ergebnisse in den Projektplänen zusammengefasst. Insofern wird der Begriff Fördermittelberatung in diesem Kontext weiter gefasst. Ziel dieser konzeptionellen Beratung sollte sein, dass der Unternehmer mittels Beratungsbericht folgende Informationen geliefert bekommt:

- Projektbewertung (Ergebnis kann auch sein, die Idee nicht weiter zur forcieren),
- ganzheitliches Finanzkonzept inklusive Rentabilitätsberechnung und Tragfähigkeitsprüfung,
- erste Inhalte zur Beantragung von Finanzierungen, öffentlichen Fördermitteln,
- Handlungsleitfaden zur weiteren Vorgehensweisen.

Mehr Informationen zu möglichen Ergebnissen folgen in Kapitel 6.

2.8 Möglicher Ablauf einer Fördermittelberatung

Nachfolgender Prozess stellt eine Fördermittelberatung mit der Inanspruchnahme eines Beratungskostenzuschusses bei der BAFA dar. Die einzelnen Checklisten dienen in der jeweiligen Beratungsphase als Hilfestellung. Weitere Tools zur Erfassung der Projektdaten für die Phase 4 und 5 werden in Kapitel 3 vorgestellt.

ABB. 10: Möglicher Beratungsprozess

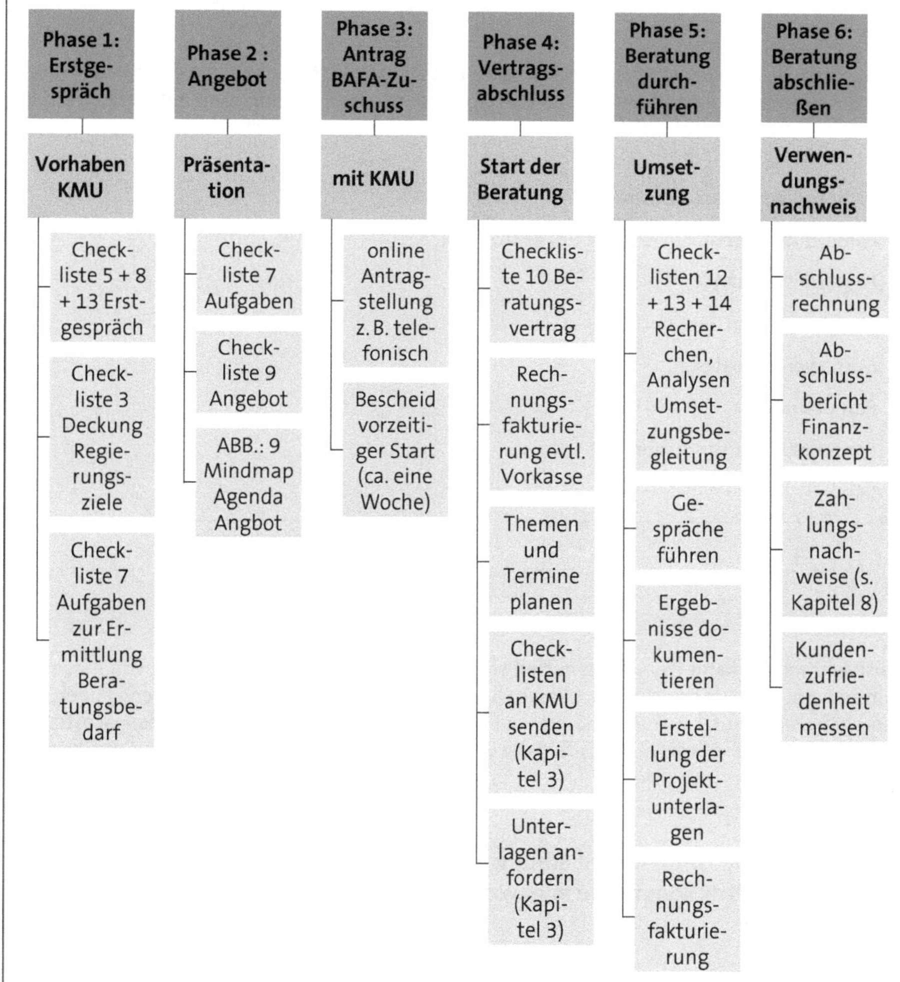

PRAXISTIPP

Als Ergebnis dieser Fördermittelberatung sollte das Finanzkonzept inklusive Fördermittelanalyse und Ko-Finanzierung erstellt werden. Je nach geplantem Projektumfang kann mit vier bis fünf Beratertagen kalkuliert werden. Dem Unternehmen werden die ausgearbeiteten Unterlagen vollständig ausgehändigt wie z. B.:

- vollständiges Finanzkonzept,
- Fördermittelrecherche inklusive der Richtlinien,
- Fördermittelanalyse,
- Marktanalysen,
- Mitbewerberanalysen,
- Patentanalysen,
- Rentabilitätsberechnungen,
- usw.

VORSICHT

Selbstverständlich kann eine Fördermittelberatung auch ohne Inanspruchnahme von Förderprogrammen mit Beratungskostenzuschüssen durchgeführt werden. Insbesondere wenn andere Förderprogramme genutzt werden und hier mit den allgemeinen Kosten auch Beratungskosten abgedeckt sind. Insofern besteht die Gefahr der verbotenen Doppelförderung. Weitere Ausführungen hierzu in Kapitel 6.

Eine ganzheitliche Fördermittelberatung inklusive Unterstützung bei der Beantragung und Abruf der Mittel könnte wie folgt vorgenommen werden:

ABB. 11: Ganzheitliche Fördermittelberatung

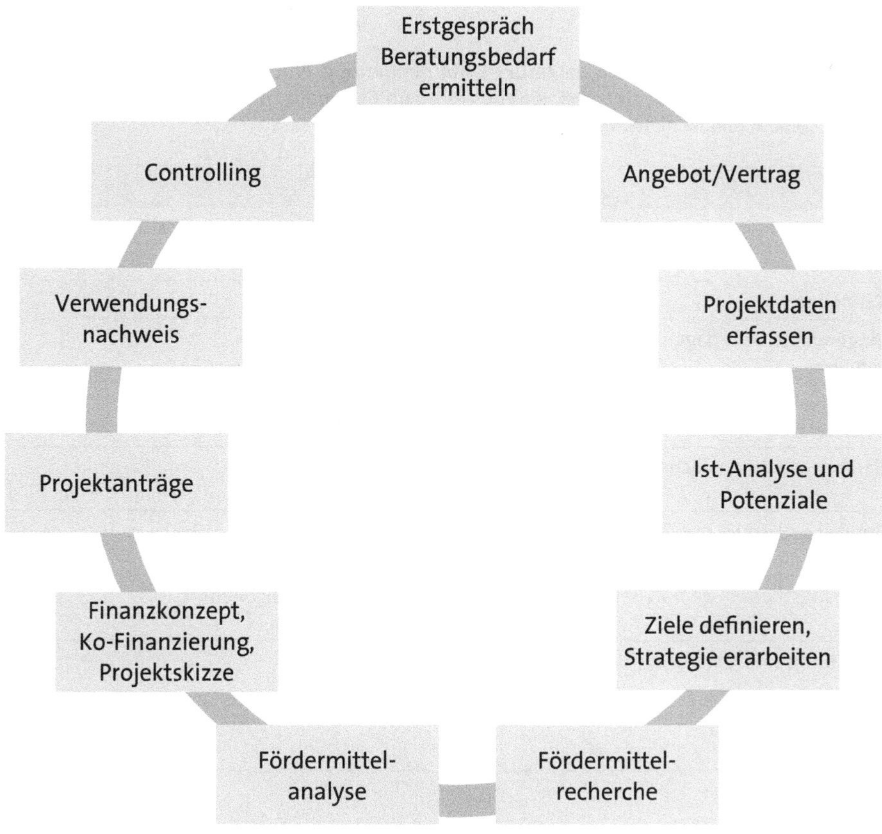

PRAXISTIPP

Um in den Beratungsgesprächen gute Ergebnisse zu erzielen, sind die Termine vom Fördermittelberater entsprechend vorzubereiten. Hierzu gehören z. B.:

- Bereitstellen von Checklisten,
- Anforderungen von Unterlagen,
- Vereinbarung der Beratungstermine,
- Planung der Themen,

- Dokumentieren der Ergebnisse,
- Aufgabenverteilung,
- Führen eines Zeitnachweises.

Nach jedem Beratungsgespräch sollte der Unternehmer ein Protokoll erhalten. Nachfolgender Checkliste dient als Musterprotokoll, welches mit dem Corporate Design eines Fördermittelberaters und seinem Bedarf individualisiert werden kann.

Checkliste 11:	Protokoll		
Mandant		**Projekt**	**Zeitbudget**
Datum		**Uhrzeit**	
Teilnehmer			
Eingereichte Unterlagen vom Kunden			
Bereitgestellte Unterlagen vom Berater			
Beratungsthemen nächster Termin (Datum)			
Beratungsthemen und Besprechungsergebnisse vom (Datum)			
Beratungsthemen gemäß Beratungsvertrag vom (erledigte kennzeichnen)			
Handlungsempfehlungen (für Abschlussbericht)			
Aufgaben Kunde			
Aufgaben Berater			
Ort, Datum			
Unterschrift Kunde			
Unterschrift Berater			

HINWEIS

Als Nachweis der Beratungsleistung kann das vom Unternehmer unterzeichnete Protokoll dienen. Sofern weitere Ausarbeitungen folgen und Unterlagen bereitgestellt werden, ist es auch durchaus sinnvoll, die ausgearbeiteten Ergebnisse im Protokoll inklusive Ausarbeitungszeit zu vermerken. In diesem Fall wird dem Kunden das Protokoll im Nachgang zum persönlichen Gespräch zugesendet. Zur Verfolgung der Beratungsfortschritte können die vereinbarten Beratungsinhalte entsprechend als offen oder erledigt gekennzeichnet werden. Ein Verzetteln in andere Themen oder Verschwenden der geplanten zeitlichen Ressourcen wird so vermieden.

PRAXISTIPP

Mit einer transparenten und nachvollziehen Arbeitsweise kann ein Fördermittelberater das Vertrauen seiner Kunden gewinnen und Konflikte vermeiden. Weiterhin ist das Protokoll die Grundlage für das zu erstellende Konzept und den Abschlussbericht, um eine reibungslose und effiziente Beantragung von Beratungskostenzuschüssen zu ermöglichen.

3. Wichtige Projektdaten

Um eine Fördermittelrecherche durchzuführen, wird eine Vielzahl von Informationen des Unternehmens benötigt. Je nach Umfang des Projektes kann eine Recherche in mehreren Stufen erfolgen. Demzufolge werden mit jeder weiteren Recherchestufe detailliertere Informationen erforderlich. In der Regel handelt es sich um eine zweistufige Recherche.

3.1 Unternehmensdaten

Um eine erste kurze Fördermittelrecherche zu erstellen, ist es sinnvoll, nachfolgende Informationen vom Unternehmen einzuholen. Diese Checkliste sollte wieder dem eigenen Beratungsschwerpunkt angepasst werden.

Checkliste 12:	Fördermittelcheck		
Kontaktdaten Betriebssitz			
Firmenbezeichnung		Rechtsform	
Straße		Postleitzahl, Ort	
Bundesland		Gründungsdatum	
Webadresse			
Unternehmensgröße	Kleinst ☐ (< als 10 Mitarbeiter und < 2 Mio. € Umsatz/ Jahr oder < 2 Mio. € Bilanz)	Klein ☐ (< als 50 Mitarbeiter und < 10 Mio. € Umsatz/ Jahr oder < 10 Mio. € Bilanz)	Mittel ☐ (< als 250 Mitarbeiter und < 50 Mio. € Umsatz/ Jahr oder < 43 Mio. € Bilanz)
Weitere Standorte			
Unternehmensnachfolge geplant zum:			
Ansprechpartner			
Vorname		Titel – Nachname	
Telefonnummer		E-Mail	
Voraussichtlicher Nachfolger			
Name		Titel – Nachname	
Telefonnummer		E-Mail	

Öffentliche Fördermittel bereits beantragt		Ja ☐	Nein ☐
Geplantes Vorhaben bzw. Projekt			
Investitionen ☐	Einstellung Personal ☐	Qualifizierung Personal ☐	Wachstum ☐
Ressourceneffizienz/ Umwelt ☐	Digitalisierung ☐	Prozessoptimierung ☐	Neue Märkte ☐
Innovationen – Entwicklung ☐	Dienstleistung ☐	Produkte ☐	Technologische Produkte/ Dienstleistung ☐
Ort des Vorhabens		Geplanter Start	
Beschreibung des Vorhabens in max. 5 – 10 Sätzen			

HINWEIS

Viele Fördermittelberater bieten verschiedene Fördermittelchecks mit Branchen oder Themenschwerpunkten auf ihren Websites an. Diese Checks haben folgenden Nutzen für den Fördermittelberater und für die Unternehmen:

- Der kurze Fördermittelcheck dient dazu, Potenziale für Fördermittel zu erkennen.
- Die Ergebnisse sind Grundlage für das Erstgespräch.
- Es kann bewertet werden, ob eine Fördermittelberatung Sinn macht.
- Erste Programme für Beratungskostenzuschüsse können recherchiert werden, um diese vor Abschluss des Beratungsvertrages zu beantragen.
- Der Fördermittelcheck ist auch ein Marketinginstrument, um Unternehmen für die Fördermittelberatung zu gewinnen.
- Ein Onlinefördermittelcheck dient als Instrument für die SEO von Websites.

PRAXISTIPP

Ein Unternehmer, der sich die Mühe macht, den Fördermittelcheck zu bearbeiten, zeigt echtes Interesse an einer künftigen Zusammenarbeit. An der Qualität des beschriebenen Vorhabens kann der Fördermittelberater messen, wie weit die Idee fortgeschritten ist, und ob eine Fördermittelberatung beim KMU Priorität hat.

VORSICHT

Anfragen ohne konkretes Projekt sind in der Regel ausschließlich auf Kapitalbeschaffung aus. Relativ schnell stellt ein Fördermittelberater mit Hilfe von Fragestellungen anhand der Checklisten 3 bis 5 fest, ob es sich um eine unseriöse Anfrage handelt. In einigen Fällen ist sicherlich ein erster Hinweis auf § 264 StGB (Subventionsbetrug) empfehlenswert.

HINWEIS

Folgende Unterlagen sollte sich der Berater möglichst zum Vertragsabschluss zur Prüfung vorlegen lassen:

- Gewerbeanmeldung,
- Handelsregisterauszug,
- BWA aktuelles Jahr,
- Jahresabschluss mit Mehrjahresvergleich (drei Jahre),
- Gesellschaftervertrag,
- Erbschaftsvertrag, Ehevertrag,
- Grundbuchauszug.

MERKE

Unternehmen in finanziellen Schwierigkeiten, die von der Insolvenz bedroht sind, werden in der Regel von öffentlichen Förderprogrammen, insbesondere bei Zuschüssen, ausgeschlossen. Daher ist es wichtig, die betriebswirtschaftliche Situation im Vorfeld zu prüfen. Insbesondere wenn für die Fördermittelberatung auch Beratungskostenzuschüsse genutzt werden sollen. Für Unternehmen in Schwierigkeiten gibt es bei der BAFA eine gesonderte Förderung. Weitere Informationen hierzu in Kapitel 8.

3.2 KMU-Kriterien prüfen

In einigen Fällen gibt es Verstrickungen mit anderen Unternehmen z. B. Beteiligungen oder Verbundunternehmen. In der Regel sind öffentliche Förderprogramme bzgl. der Größenordnungen der KMUs nach der EU-Definition festgelegt. In dem Feststellungsverfahren werden drei Unternehmenstypen definiert:

- verbundene Unternehmen,
- Partnerunternehmen,
- eigenständige Unternehmen.

DOWNLOAD

Prüfschema: Einstufung als eigenständiges, Partner- oder verbundenes Unternehmen, Informationsblatt ZIM
https://www.ausbildung-foerdermittelberater.de/download
Code: NWB2018FMB1

Das ausführliche Prüfschema, welches für das Förderprogramm ZIM veröffentlicht wurde, kann vorab zur Ermittlung der KMU-Größenordnung und Feststellung der Einstufung genutzt werden.

HINWEIS

Als Grundlage zur Ermittlung der Schwellenwerte wird der letzte aktuelle Jahresabschluss herangezogen. Bei neu gegründeten Unternehmen kann der Wert geschätzt werden. Bei der Berechnung der Mitarbeiteranzahl werden Teilzeitkräfte und Saisonarbeiter anteilmäßig berücksichtigt. Die Anrechnung von Auszubildenden erfolgt je nach Richtlinie unterschiedlich. Sofern Eigentümer oder Teilhaber von ihrer Tätigkeit nach nationalem Recht den Arbeitnehmern gleich gestellt sind, werden diese addiert.

HINWEIS

Im Rahmen der Richtlinien der einzelnen Förderprogramme werden dazugehörige Prüftools angeboten, bei welchen ein vom Unternehmer zu unterschreibendes Dokument generiert wird. Dieses ist als Bestandteil des Fördermittelantrages und ist entsprechend bei der Beantragung beim Projektträger einzureichen.

Es handelt sich um ein relativ umfangreiches Tool. Daher ist es sinnvoll, bei der Feststellung als KMU nach EU-Definition dem Unternehmer als Fördermittelberater Unterstützung anzubieten.

MERKE

Einige Förderprogramme sind jedoch strenger gefasst, z.B. dürfen nur für Betriebe bis max. 100 Mitarbeiter Anträge stellen.

3.3 Geplantes Vorhaben

Für viele Unternehmer ist es eine Herausforderung, das Vorhaben mit allen wesentlichen Punkten in ein paar Sätzen zu beschreiben. Nachfolgende Checkliste kann hier eingesetzt werden. Weiterhin kann der Fördermittelberater bereits prüfen, ob grundsätzlich das Vorhaben förderbar wäre. Es können erste Argumente für ein Gespräch mit einem potenziellen Projektträger herausgearbeitet werden.

Checkliste 13:	Vorhaben kurz		
Kunde			
Projekt			
Frage	Kundenantwort	Prüfung	Notizen
Was planen Sie? Wie wollen Sie vorgehen? Wer wird mitwirken? Warum sind gerade Sie für dieses Vorhaben prädestiniert?		Checkliste 5 Checkliste 8	
Wann wollen Sie starten? Wie viel Zeit wird das Projekt in Anspruch nehmen? Haben Sie ausreichend Ressourcen (Zeit, Personal, Geld, ...)		Checkliste 4	
Was ist das Ziel Ihres Vorhabens? Was möchten Sie mit Abschluss Ihres Vorhabens erreichen?		Checkliste 3	

Warum wollen Sie das Projekt starten? Welche Entwicklung oder Verbesserung erwarten Sie für Ihr Unternehmen? Welche Verbesserungen erwarten Sie für Ihr Produkt oder Dienstleistungen (Innovation)?		z. B. Verbesserung oder Innovation identifizieren	
Welchen Vorteil wird Ihnen das Vorhaben bringen? Wie wird sich das Vorhaben auf Ihre Kunden auswirken? Welchen Vorteil werden Ihre Kunden, Mitarbeiter, Geschäftspartner oder Lieferanten aufgrund Ihres Vorhabens erhalten? Welche Chancen erhoffen Sie sich durch Ihr Vorhaben?		Motivation identifizieren Marktpotenzial erkennen Argumentation herausarbeiten, warum das Projekt erfolgreich sein wird	
Welche besonderen Herausforderungen sind mit Ihrem Vorhaben verbunden? Welche Risiken sind damit verbunden?		Argumentation herausarbeiten, warum Fördermittel in Anspruch genommen werden sollen	

HINWEIS

Die bereitgestellten Checklisten und konkrete Fragen belegen dem Unternehmer die Fachkompetenz des Fördermittelberaters. Mit dieser Vorgehensweise wächst das Verständnis für die Fördermittellandschaft. Die darauf folgende Projektentwicklung erhöht dann die Chancen auf Fördermittel.

PRAXISBEISPIEL

Ein Unternehmer mit Betriebssitz in München plant, neue Produkte künftig in ganz Deutschland zu vertreiben. Er beabsichtigt, sein Unternehmen zu erweitern und neue Maschinen anzuschaffen. Hierzu möchte er auch zwei weitere Mitarbeiter langfristig einstellen. Eine weitere Betriebsstätte befindet sich in Tirschenreuth. Im Rahmen einer ersten Förderanfrage schilderte er, dass er seine Produktion erweitern möchte. Diese Förderanfrage ergab kein positives Ergebnis hinsichtlich der Chancen auf Investitionskostenzuschüsse in München. Erst in einem Gespräch mit einem Fördermittelberater wurden ihm die Chancen der GRW-Förderung (Gemeinschaftsaufgabe „Verbesserung der regionalen Wirtschaftsstruktur") aufgezeigt. Folge Kriterien wurden geprüft:

TAB. 5: Praxisfall			
Fragenkatalog	**Geplantes Vorhaben**	**Grundsätzlich GRW-förderbar**	
		Ja	**Nein**
Welche Investition ist geplant?	Erweiterung bzw. neue Produktion	x	
Werden feste Arbeitsplätze geschaffen und bis mindestens fünf Jahre nach Abschluss der Investition gehalten?	Einstellung von zwei weiteren Mitarbeitern, langfristig	X	
Gibt es eine Diversifikation des Angebotes ?	Vertrieb neuer Produkte,	X	
Trifft der Primäreffekt zu? (Mindestens 50 % des Umsatzes der zu fördernden Betriebsstätte überregional absetzen, bzw. mindestens über einen Radius von 50 Kilometern)	Sofern die Investition in Tirschenreuth getätigt wird (C-Fördergebiet der GRW)	X	

Aufgrund der Chancen auf Zuschüsse bis zu 30 % der Investitionssumme aus den GRW-Mitteln ist die Investition in eine Erweiterung der Betriebsstätte in Tirschenreuth zunächst lukrativ.

PRAXISTIPP

Ein Fördermittelberater erkennt Potenziale und zeigt dem Unternehmer Chancen für Fördermittel auf. Ob es sinnvoll ist, einen entsprechenden Gestaltungsspielraum zu nutzen, hängt von weiteren Kriterien z. B. Infrastruktur, Logistik usw. ab, die im Vorfeld zu prüfen sind. Weitere Informationen zum Förderprogramm folgen in Kapitel 4.

DOWNLOAD

https://www.stmwi.bayern.de/service/foerderprogramme/regionalfoerderung/

4. Fördermittelrecherche

ABB. 12: Wortwolke öffentliche Fördermittel

Die Fördermittelrecherche ist ein Baustein der Fördermittelberatung, welche je nach Projektart sehr umfangreich sein kann. Die nachfolgenden Informationen und erarbeiteten Abläufe sollen einen Überblick der Fördermittellandschaft verschaffen. Die vorgestellten Tools erleichtern den Einstieg in die Fördermittelrecherche und werden eine strukturierte Arbeitsweise ermöglichen.

4.1 Aufbau der Förderlandschaft

ABB. 13: Fördermittelgeber

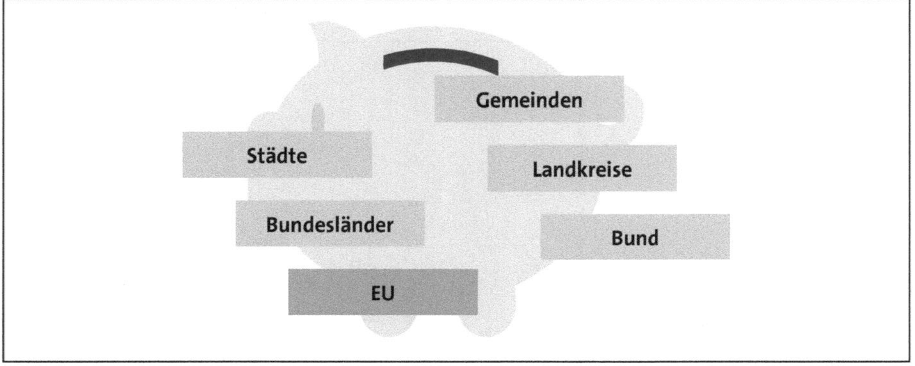

Von den Gemeinden bis zur EU gibt es eine Vielzahl von öffentlichen Förderprogrammen. Der Markt an verschiedenen Fördermittelangeboten ist nur schwer überschaubar. Eine konkrete Zahl der vorhandenen Förderungen gibt es nicht. Ein Auskunftsersuchen beim Bundesministerium für Wirtschaft und Energie kam zu dem Ergebnis, dass selbst die Förderdatenbank des Bundes nicht alle öffentlichen Förderprogramme enthält. Förderprogramme von Gemeinden, Landkreisen und Bezirksregierungen finden in der Datenbank demnach keine Berücksichtigung. Eine konkrete Anzahl der vorhandenen Programme in der Datenbank konnte ebenfalls nach zwei Anfragen zu einem Stichtag nicht ermittelt werden.

HINWEIS

Man kann davon ausgehen, dass es derzeit voraussichtlich kein Tool auf dem Markt gibt, welches alle aufgelegten Förderprogramme enthält. Maßgeblich für hervorragende Ergebnisse einer Fördermittelrecherche sind:

- die Fachkompetenz und Spezialisierung des Fördermittelberaters,
- die richtigen Fragen an den Unternehmer zu stellen,
- Erkennen von Gestaltungspielraum,
- Methode der Recherche.

PRAXISTIPP

Ein Fördermittelberater sollte nicht garantieren, dass er das beste passende Förderprogramm recherchieren wird. Auch die Haftung hierfür sollte ausgeschlossen werden. Eine Vermögensschadenhaftpflichtversicherung kann vor evtl. Schadensersatzansprüchen schützen.

TAB. 6:	Überblick Förderlandschaft am Beispiel innovativer KMU		
Thema	Förderer - Programme		
	Bund	Länder	EU
Förderung forschender und innovativer KMU	KMU-innovativ ZIM (Zentrales Innovationsprogramm Mittelstand BMWi-Innovationsgutscheine (go-Inno) unternehmens Wert:Mensch plus go-digital Energieberatung im Mittelstand Eurostars usw.	z. B. Bayern: Bayerisches Technologieförderungs-Programm (BayTP) Innovationsgutscheine Digitalbonus Bayern usw.	Horizont 2020 EUREKA COST

In vorgenannter Tabelle wurden zum Thema forschender und innovativer KMUs einzelne Förderproramme von Bund, Ländern und EU aufgelistet. Wie man anhand der jeweiligen Richtlinien feststellen kann, kommt es bei Themen und auch bei den Ausgabenarten oft zu Überschneidungen.

Gemäß Kapitel 1.2. setzen die Bundesländer die auferlegten Ziele der EU-Strukturfonds mit eigenen Richtlinien und Schwerpunkten für die jeweilige Region um. Dieser Föderalismus trägt nicht zur besseren Transparenz bei. Mit jeder Wahl werden die Karten auch wieder neu gemischt. Selbst wenn die Ziele sich kaum ändern, werden oft neue Wege eingeschlagen. Das wirkt sich natürlich auf die Gestaltung der Förderprogramme aus. Evtl. werden Budgets gekürzt oder vollständig gestrichen, Programme werden eingestellt oder neue aufgelegt, Richtlinien werden erweitert oder gekürzt.

MERKE

Ein Fördermittelberater darf sich nicht ausschließlich auf eine einmal veröffentlichte Richtlinie verlassen. Auch wenn die Laufzeit noch gültig sein sollte. Es können Tatbestände eintreten, die einen neuen Erlass bzw. eine Änderung der Richtlinie zur Folge haben.

PRAXISTIPP

Es lohnt sich, beim Bundesanzeiger den Newsletter relevanter Rubriken zu abonnieren. So ist man stets informiert, z. B. über:

- neue Förderprogramme,
- Richtlinienänderungen,
- ausgeschöpfte Budgets,
- neue Budgets.

HINWEIS

EU-Förderprogramme haben in der Regel den Fokus auf forschungsintensive, wissenschaftliche, evtl. grenzüberschreitende Kooperationen in der EU gerichtet. Diese Förderprogramme richten sich an KMUs mit großem Innovations- und Wachstumspotenzial. Die Anforderungen an KMUs sowie deren Projekte sind entsprechend hoch. Dies belegt auch die relativ geringe Erfolgsquote deutscher Antragssteller im Förderprogramm Horizont 2020 im Jahr 2017 von 16,3 %.

Einen thematischen Überblick der Fördermittellandschaft ermöglicht die nachfolgende ABB. 14.

ABB. 14: Fördermittelkategorien

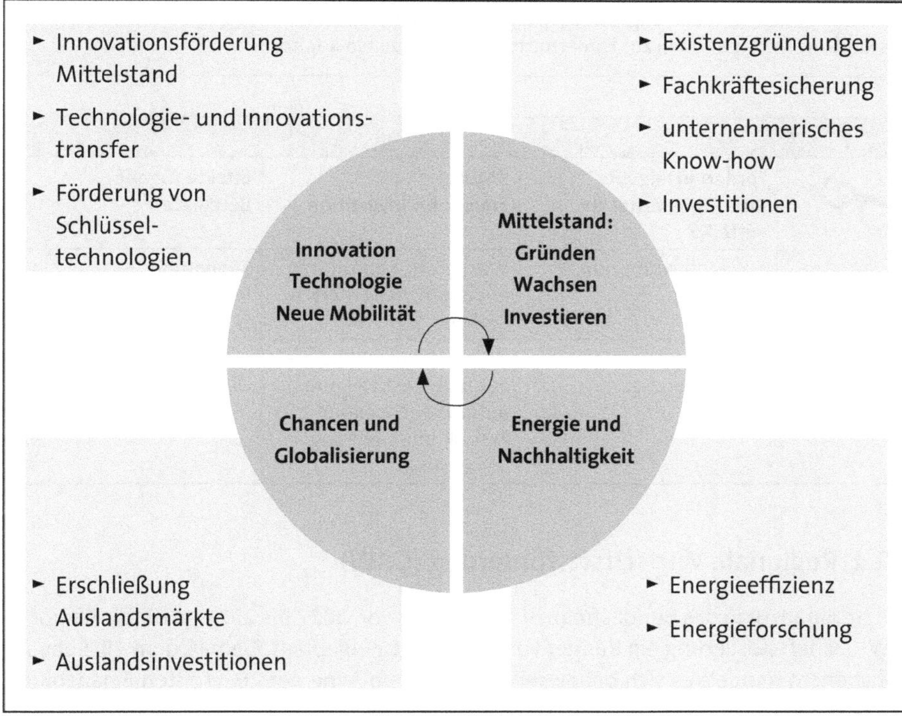

4.2 Relevante Förderprogramme

Wie man bei einem ersten Blick in die Richtlinien der einzelnen Förderprogramme feststellen kann, muss ein Förderprojekt oft den Anforderungen mehrerer strategischer Ziele von EU, Bund oder Ländern gerecht werden. Insbesondere wenn es um die Beantragung von Zuschüssen geht, werden oft Innovationen verlangt. Nicht jedes Unternehmen plant Förderprojekte, um Innovationen voranzutreiben. Insbesondere kleine KMUs wollen Investitionen tätigen, weil Kapazitäten nicht ausreichen z. B. muss die Produktion erweitert werden, Fachkräfte fehlen oder die IT ist veraltet.

HINWEIS

Die Steigerung des Innovations- oder Digitalisierungsgrades sind nicht der Treiber der kleinen KMUs sondern vielmehr das Ergebnis einer Investition. Voraussetzung einer Fördermittelrecherche ist die Fähigkeit, anhand eines Perspektivwechsels zwischen Fördermittelgeber und KMUs, die Motivationen zu verstehen (s. auch Checkliste 3). So wird die Prüfung ermöglicht, ob die Ziele der Fördermittelrichtlinie mit den angestrebten Ergebnissen eines Investitionsprojektes übereinstimmen. Ausführliche Informationen zur Fördermittelanalyse folgen in Kapitel 5.

ABB. 15: Perspektivwechsel

	**Fördermittelgeber Intension, Mittel zu verteilen**	**KMU Treiber für Investition**	**Effekte für alle Beteiligten**
Perspektivwechsel	z. B. Motivation zum Innovieren	Wachstum, Kapazitäten erweitern, neue Märkte erobern	Steigerung Innovationsgrad
	z. B. Motivation zur Digitalisierung	Kosten sparen, Kundenzufriedenheit steigern aufgrund schnellerer Produktion, Lieferung, Service usw.	Steigerung Digitalisierungsgrad

4.2.1 Regionale Wirtschaftsförderung (GRW)

In dem Finanzplan des Bundesfinanzministeriums von 2017 bis 2021 ist für die Regionale Wirtschaftsförderung ein Budget von 600 Mio. € eingeplant. Gemäß dem 25. Subventionsbericht handelt es sich bei dieser Förderung um eine der 20. größten Finanzhilfen des Bundes.

Die GRW-Förderung ist ein Instrument der Regionalpolitik zugunsten strukturschwacher Regionen. Mit diesem Instrument sollen gleichwertige Lebensverhältnisse in Deutschland gesichert werden für:

- soziale Stabilität,
- Wohlstand und
- wirtschaftlichen Fortschritt.

4.2.1.1 Rechtliche Grundlage und Ziele

Die rechtliche Grundlage des Förderprogramms ist der Koordinierungsrahmen der Gemeinschaftsaufgabe „Verbesserung der regionalen Wirtschaftsstruktur". Dieser setzt den vorgegebenen Subventionsrahmen der europäischen Regionalbeihilferegeln um. Die verfassungsrechtliche Grundlage ist in Art. 72 Abs. 2 des Grundgesetztes festgelegt.

Hier ist der Auftrag zur Herstellung gleichwertiger Lebensverhältnisse geregelt. Die Umsetzung der Regionalpolitik ist Sache der Länder (Art. 20 GG) und den Kommunen/Kommunalverbänden (Art. 28 GG). Seit der Verfassung von 1969 (Art. 91a GG) gibt es die Zusammenarbeit bzgl. der GRW mit dem Bund.

Gefördert werden seit 1969 besonders vom Strukturwandel betroffene Regionen. Beispiele hierfür sind:

- Hochwasser 2002,
- Wirtschafts- und Finanzkrise ab 2007,
- Aufbau von wettbewerbsfähigen Strukturen in den neuen Bundesländern.

Standortnachteile strukturschwacher Regionen sollen mit Hilfe der GRW-Mittel abgefangen werden und so deren Wettbewerbsfähigkeit und Eigenverantwortlichkeit gefördert werden. Hauptziel ist die Schaffung von dauerhaften und hochwertigen Arbeitsplätzen in den Förderregionen.

4.2.1.2 GRW-Mittel Förderung von KMUs

KMUs können für ihre Investitionsvorhaben Zuschüsse bzw. zinsverbilligte Darlehen je nach Förderregion bis zu max. 30 % der förderfähigen Kosten beantragen. Wichtig ist, dass mindestens ein Arbeitsplatz langfristig geschaffen wird und die Investition für das Unternehmen eine besondere Herausforderung darstellt. Weitere Konditionen und erste Anforderungen, die das Unternehmen erfüllen muss, können vorab mit nachfolgender Checkliste ermittelt und erste Maßnahmen abgeleitet werden.

Checkliste 14:	GRW-Mittel für KMUs		
Kriterium	Beschreibung	Bewertung	
		Trifft zu	To-do – Maßnahmen
KMU	<250 Mitarbeiter, <50 Mio. € Umsatz oder <43 Mio. € Jahresbilanzsumme		
Existenzgründer	Gründungsphase bis max. 60 Monate nach Gewerbeanmeldung		
Betriebsstätte	Befindet sich in Förderregion gemäß Fördergebietskarte		

Kriterium	Beschreibung	Bewertung	
		Trifft zu	To-do – Maßnahmen
Förderfähiges Investitionsvorhaben	Errichtung einer neuen Betriebsstätte Ausbau von Kapazitäten einer bestehenden Betriebsstätte Diversifizierung der Produkte Änderung von Produktionsprozessen		
Schaffung Arbeitsplätze	Mindestens ein Vollzeitarbeitsplatz (auch Auszubildende) Verpflichtung: mindestens fünf Jahre halten!		
Primäreffekt	Über 50 % des Umsatzes werden über einen Radius von über 50 Kilometern vertrieben. (Nachweis innerhalb einer Frist von max. drei Jahren zu erbringen).		
Bemessungsgrundlage	Förderfähige Kosten für materielle und immaterielle Güter des Anlagevermögens		
	oder Lohnkosten für die aufgrund der Investition geschaffenen Arbeitsplätze (zwei Jahre) Voraussetzung: überdurchschnittliche Qualifikationsanforderung, mit hoher Wertschöpfung oder hohes Innovationspotenzial		
Laufzeit des Projektes	Durchführungszeitraum max. drei Jahre		
Ko-Finanzierung	Mindestens 25 % der Investition bzw. beihilfefähigen Kosten müssen aus Eigenmittel oder Fremdmittel kommen.		
Branche	Ausgeschlossene Branchen prüfen!		

HINWEIS

In dem Förderzeitraum vom 1.1.2018 bis 21.12.2020 beträgt die max. Förderquote von kleinen Unternehmen z. B. nicht-prädefinierte C-Fördergebiete bei max. 30 %. Nachfolgende Kriterien sind zu beachten:

- Der Antrag muss **vor Beginn** der Maßnahme gestellt werden. Beispielsweise darf noch kein Lieferungs- oder Leistungsvertrag abgeschlossen, Bestellungen erfolgt oder mit dem Bau begonnen worden sein.
- Grundlage des Projektes muss sein, dass die Investition und Schaffung von Arbeitsplätzen nur mit einer **besonderen Anstrengung** des Antragstellers umgesetzt werden kann.

- Von der **Förderung ausgeschlossen** sind:
  - Nachrangdarlehen
  - Bestimmte Branchen (z. B. Landwirtschaft, Unternehmensberatung, Transport- und Lagergewerbe usw.)
- Nicht gefördert werden Investitionen, z. B.:
  - Anschaffung und Herstellung von PKW, Kombifahrzeuge, LKW, usw.
  - gebrauchte Wirtschaftsgüter (bis auf Ausnahmen)
- Eine Förderung kann es für Investitionen je geschaffenen Dauerarbeitsplatz bis 750.000 € oder je gesichertem Dauerarbeitsplatz bis 500.000 € geben.
- Bei KMUs kann mit einem Widerruf die Verbleibefrist für neue Arbeitsplätze in besonders begründeten Fällen bereits mit drei Jahren erfüllt werden.

HINWEIS

Jeder Fall muss einzeln geprüft werden. Die Checkliste bietet eine erste Hilfestellung und wurde anhand des Koordinierungsrahmens erarbeitet. Um eine qualifizierte Einschätzung der Förderbarkeit prüfen zu können, ist es zwingend erforderlich, ergänzend die jeweils gültige bzw. aktuelle Richtlinie des jeweiligen Bundeslandes als Grundlage zu verwenden. Parallel hierzu sollte direkt mit den zuständigen Förderinstituten der Bundesländer Kontakt aufgenommen werden. Besonders in Grenzfällen gibt es hier kompetente Unterstützung, um zu prüfen, ob eine Antragstellung Sinn macht.

DOWNLOAD

Koordinierungsrahmen Gemeinschaftsaufgabe Verbesserung Regionale Wirtschaftsstruktur
https://www.ausbildung-foerdermittelberater.de/download
Code: NWB2018FMB1

BEISPIEL

ABB. 16: Praxisbeispiel GRW

Vorhaben: Geschäftserweiterung für den Betrieb eines Versand- und Großhandels mit Sicherheitstechnik im Werra Meißner Kreis	
Investitionsplan	
Grundstück	100.000
Gebäude	500.000
Geschäftsausstattung	200.000
Summe	800.000
Finanzierungsplan	
Investitionszuschuss	200.000
Eigenmittel	100.000
Hausbankkredit	100.000
ERP-Mittel	400.000
Summe	800.000

4.2.1.3 EFRE Fördergebiete und Konditionen

Die Umsetzung der Förderrichtlinien des Europäischen Fonds für Regionalentwicklung ist gemäß Kapitel 1.2. Aufgabe der Bundesländer. Hierbei müssen die Bundesländer die Ziele der EU und auch regionale Interessen berücksichtigen. Daher setzen die Bundesländer unterschiedliche Schwerpunkte in ihren Förderrichtlinien und unterscheiden sich so voneinander. In der Regel wird die Regionalförderung von GRW und EFRE in einer Richtlinie gefasst. Unterschiede gibt es hinsichtlich:

- Förderregion und
- Anforderungen an Projekt.

HINWEIS

Wie man der Fördergebietskarte des Hessischen Ministeriums entnehmen kann, ist die EFRE-Region weitergefasst. Hier werden weitere Anforderungen an das Förderprojekt gestellt. Hierzu gehört beispielsweise, dass der Innovations- oder Digitalisierungsgrad des Unternehmens gesteigert werden muss.

ABB. 17: Fördergebiete ERFRE und GRW Stand 2016

PRAXISBEISPIEL

In der hessischen Förderrichtlinie vom 26.12.2016 zur Förderung der regionalen Entwicklung, veröffentlicht im Staatsanzeiger wurden die Konditionen der GRW gemäß Koordinierungsrahmen der Gemeinschaftsaufgabe zur „Verbesserung der regionalen Wirtschaftsstruktur“ und der Anforderungen an die Ziele gemäß Amtsblatt der Europäischen Union zusammengefasst. Nachfolgende Tabelle dient als Beispiel von Konditionsunterschieden von Projekten für das GRW-Fördergebiet oder EFRE-Fördergebiet.

TAB. 7: Beispiel für Konditionsunterschiede GRW und EFRE

GRW-Mittel – Region	**EFRE-Mittel – Region**
Fördergebietskarte (eingeschränkt)	Fördergebietskarte (weiter gefasst)
auch Arbeitsplatzsicherung möglich	bei einer Betriebserweiterung müssen neue Arbeitsplätze geschaffen werden
ohne Innovationsansatz möglich	Steigerung Innovationsgrad oder Digitalisierungsgrad für das Unternehmen muss durch Maßnahme erfolgen (Auslegungsspielraum möglich)

4.2.1.4 Verteilung der Bundesmittel der Zuschüsse auf die Länder

Rückflüsse bzw. nicht in Anspruch genommene Mittel können den Ländern für neue Bewilligungen wieder zugewiesen werden. Die Mittel werden von Bund und Ländern bereitgestellt. Anhand der Mittelverteilung kann bereits die Förderpriorität abgeleitet werden:

ABB. 18: Verteilung der GRW-Zuschüsse

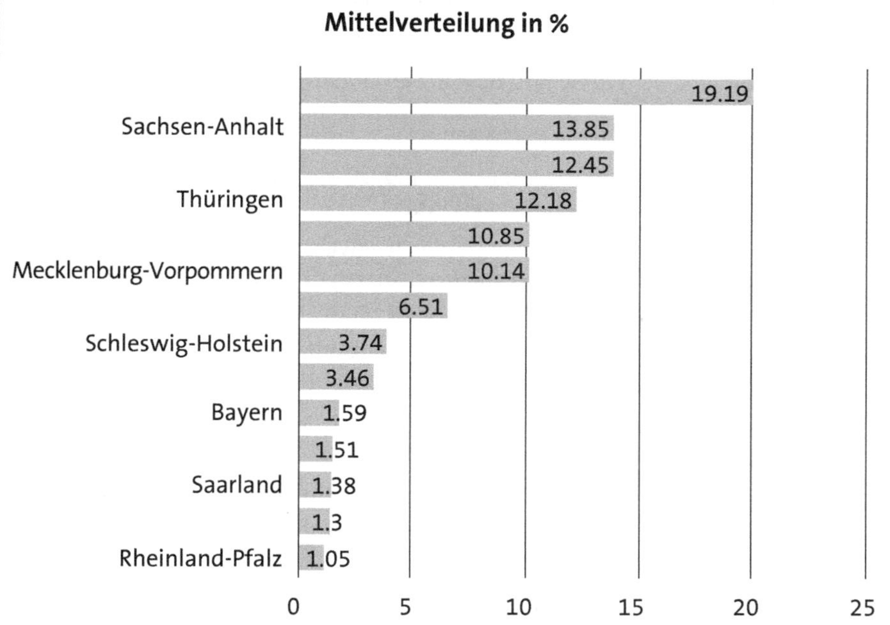

4.2.2 LEADER – Förderung

Ungefähr 50 % der Menschen leben in ländlichen Regionen, die ca. 90 % der Fläche ausmacht. Viele junge Menschen wandern zum Studium oder Ausbildung in die Städte ab. Der Altersdurchschnitt der Bevölkerung steigt. Um die Infrastruktur mit Schulen, Supermärkten, Arbeitsplätzen und ärztlicher Versorgung aufrechtzuerhalten, unterstützt die Europäische Union die ländlichen Räume mit dem Europäischen Landwirtschaftsfont für die Entwicklung des ländlichen Raumes (ELER).

4.2.2.1 Ziele von ELER

ELER (Europäischer Landwirtschaftsfonds für die Entwicklung des ländlichen Raums) will erreichen, die Menschen in der Region zu halten und Unternehmer motivieren, in die ländlichen Regionen zu investieren.

Nachfolgende Ziele werden verfolgt:

- Eine starke Wettbewerbsfähigkeit der Landwirtschaft.
- Die sichere nachhaltige Bewirtschaftung der natürlichen Ressourcen.
- Die Unterstützung der Wirtschaftskraft in den ländlichen Regionen.

Folgende Prioritäten sind zu berücksichtigen:

- Die Förderung von Wissenstransfer und Innovationen in der Land- und Forstwirtschaft und den ländlichen Gebieten (Priorität 1).
- Die Verbesserung der Lebensfähigkeit der landwirtschaftlichen Betriebe und der Wettbewerbsfähigkeit aller Arten von Landwirtschaft sowie Förderung innovativer Bewirtschaftungsmethoden und nachhaltiger Forstwirtschaft (Priorität 2).
- Die Förderung einer Organisation der Nahrungsmittelkette, des Tierschutzes und des Risikomanagements in der Landwirtschaft (Priorität 3).
- Die Wiederherstellung, Erhaltung und Verbesserung der mit der Land- und Forstwirtschaft verbundenen Ökosysteme (Priorität 4).
- Die Förderung der Ressourceneffizienz und Unterstützung des Agrar-, Ernährungs- und Forstsektors beim Übergang zu einer kohlenstoffarmen und klimaresistenten Wirtschaft (Priorität 5).
- Die Förderung der sozialen Eingliederung der Bekämpfung von Armut und der wirtschaftlichen Entwicklung in den ländlichen Gebieten (Priorität 6).

Die Förderung kann von Bürgern, Kommunen, Unternehmen, Vereinen und Initiativen für Projektideen genutzt werden, welche vorgenannte Ziele erfüllen.

HINWEIS

Es werden Projektideen mit Investitionen in ländlichen Regionen gefördert:

- Zur Stärkung der Wettbewerbsfähigkeit der Land- und Forstwirtschaft.
- Für den Schutz von Natur und Umwelt.
- Für die Verbesserung der Lebensqualität.
- Zur Diversifizierung der ländlichen Wirtschaft.
- Die Entwicklung regionaler Initiativen.

4.2.2.2 Geplanter Mitteleinsatz

In der Förderperiode von 2014 bis 2020 stehen Deutschland ca. 16,9 Mrd. €, d. h. pro Jahr 2,4 Mrd. €, zur Verfügung.

ABB. 19: Geplanter Mitteleinsatz der Bundesländer in der ELER-Förderperiode 2012 bis 2020

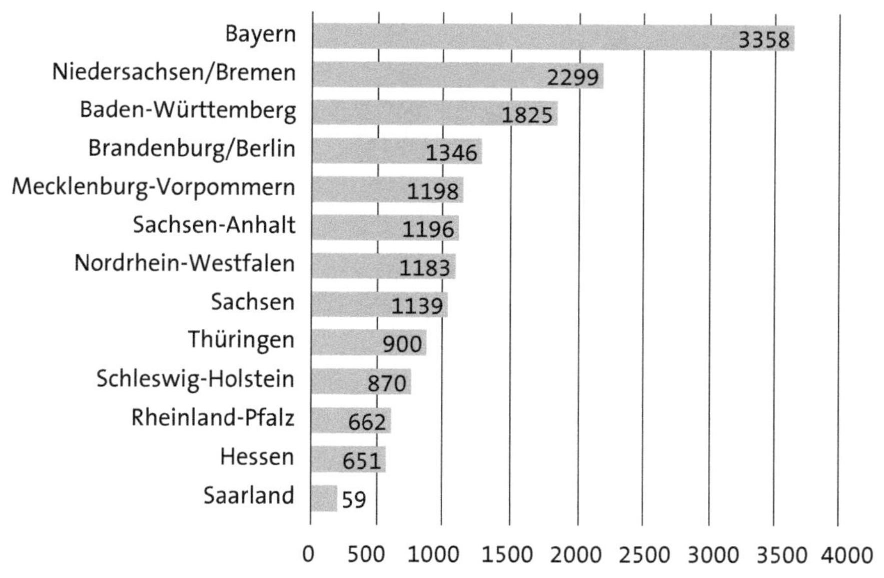

4.2.2.3 Entwicklungsprogramme der Länder

Die Förderprogramme werden von jedem einzelnen EU-Mitgliedstaat selbst aufgelegt und müssen auf mindestens vier der sechs Prioritäten aufbauen. Querschnittsziele sind zu berücksichtigen:

- Innovationen,
- Umweltschutz,
- Klimaschutz.

Die Umsetzung der Förderprogramme liegt in der Verantwortung der Bundesländer. So werden diese dem Bedarf der Region zugeschnitten. Insgesamt gibt es 13 Länderprogramme.

ABB. 20: Die Entwicklungsprogramme der Länder für die ELER-Förderphase 2014 bis 2020

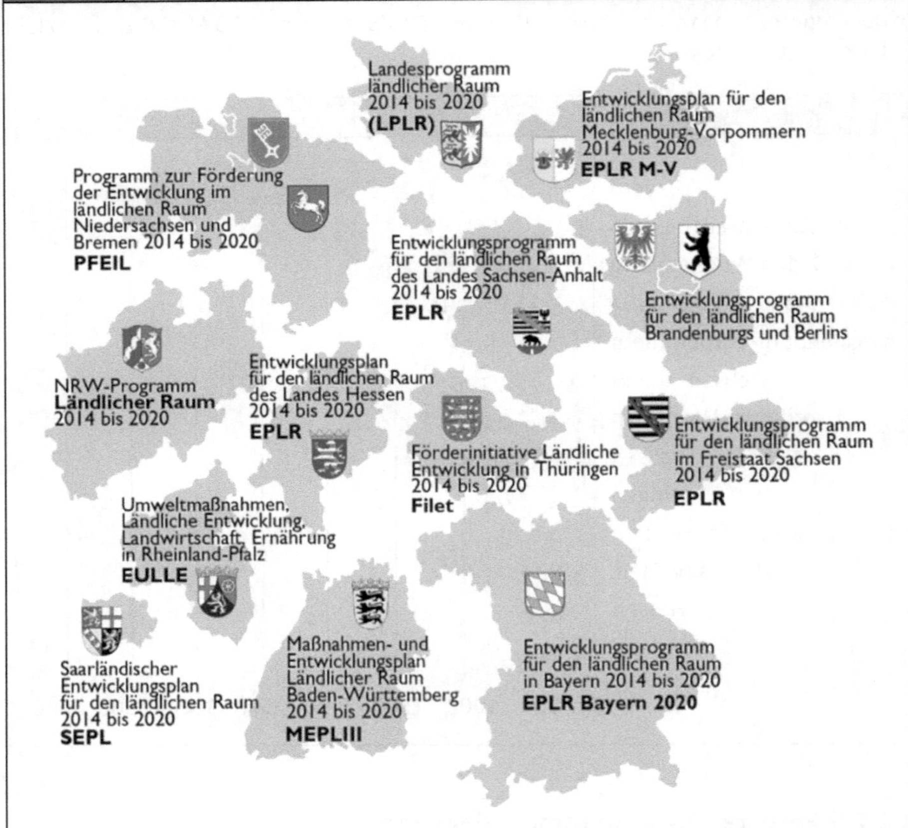

Quelle: Bundesanstalt für Landwirtschaft und Ernährung – dvs - Broschüre „ELER in Deutschland, Programmübersicht 2014-2020“

4.2.2.4 LEADER-Methode

Der Begriff LEADER ist eine Abkürzung und bedeutet, dass Aktionen zur Entwicklung der lokalen Wirtschaft verbunden werden. Lokale Akteure arbeiten in einer lokalen Aktionsgruppe (LAG) zusammen. Beteiligte in der Gruppe können beispielsweise folgende tätige Personen sein:

- privat,
- öffentlich,

- sozial,
- institutionell,
- wirtschaftlich.

Diese Mischung soll gewährleisten, dass verschiedene Lebensbereiche verknüpft und somit berücksichtigt werden.

HINWEIS

Es werden lokale Entwicklungsstrategien entwickelt. Projektideen können meistens vorab telefonisch abgestimmt werden. Sofern die Chancen für die Förderung als positiv eingeschätzt werden, wird die Projetidee z. B. in Form einer Präsentation vom künftigen Antragsstellers (KMU) dem Gremium (LAK) in einer Sitzung vorgestellt. Der Unternehmer sollte diese Sitzung nutzen, die Mitglieder des Gremiums von seiner Projektidee zu überzeugen. Eine gute Vorbereitung mit allen Mehrwerten und Vorteilen für die Idee und die Region sind Voraussetzung, um die Mitglieder für eine Empfehlung zur Umsetzung zu gewinnen. Dieses Gremium nimmt nach der Vorstellung des Projektes gemeinsam die Bewertung und Prüfung der grundsätzlichen Förderfähigkeit anhand der regionalen Strategie unter Einhaltung der Ziele gemäß Kapitel 4.2.2.1 vor. Anschließend kann eine Empfehlung zur Antragsstellung erfolgen.

DOWNLOAD

ELER Broschüre 2014-2020
https://www.ausbildung-foerdermittelberater.de/download
Code: NWB2018FMB1

PRAXISTIPP

Zur Antragsstellung sind in der Regel die geplanten Investitionen mit Angeboten zu hinterlegen. Sofern sich der Investitionsplan im Verlauf des Projektes ändern sollte, sind die Positionen im Antrag analog den neuen Angeboten zu aktualisieren.

MERKE

Beim Abruf der Mittel der LEADER-Förderung werden in der Regel nur Investitionen berücksichtigt, die im Antrag aufgeführt und bewilligt wurden. Die Förderung erfolgt in Form von Zuschüssen je nach Antragssteller und Vorhaben von 30 % bis 80 % der förderfähigen Investitionskosten.

4.2.3 Zuschüsse zur Fachkräftesicherung

Oft sind KMUs aufgrund des Fachkräftemangels auch auf Arbeitnehmer angewiesen, die den Anforderungen nicht entsprechen. Personalkostenzuschüsse oder Zuschüsse zur Fortbildungskosten können diesen Mehraufwand in die Einarbeitung kompensieren.

4.2.3.1 Eingliederungszuschuss

Ziel der Förderung ist es, Arbeitgeber zu motivieren, Arbeitssuchende einzustellen, die aufgrund ihrer Person schwer vermittelbar sind. Der erhöhte und anfängliche Aufwand für die Arbeitgeber bzgl. einer schwächeren Arbeitsleistung im Vergleich zu anderen Arbeitnehmern soll mit der Zahlung von Zuschüssen ausgeglichen werden.

Antragsberechtigt sind Arbeitgeber, die beabsichtigen, einen förderungsbedürftigen Arbeitnehmer einzustellen. Anträge sind bei der jeweils zuständigen Agentur für Arbeit vom Betriebssitz vor Aufnahme der Beschäftigung zu stellen.

Die Konditionen sind:

- Der Zuschuss beträgt max. 50 % des Bruttolohnes.
- Laufzeit bis zu zwölf Monaten, bei Arbeitnehmern ab 50 Jahren bis zu 36 Monaten, bei Start der Förderung bis zum 31.12.2019.
- Bei Schwerbehinderten bis zu 24 Monaten, je nach Alter und Grad auch bis zu 96 Monaten.
- Es handelt sich um eine Ermessensleistung der Agenturen.

4.2.3.2 WeGebAU

Im Rahmen des WeGebAU Förderprogramms kann ein Unternehmer Zuschüsse für Fortbildungskosten und teilweise auch für Lohnfortzahlungskosten beantragen. Gefördert wird die Qualifizierung von Arbeitnehmern, die einen Berufsabschluss nachholen oder sich weiter qualifizieren möchten. Die Anträge sind bei der betriebsansässigen Agentur für Arbeit zu stellen.

Die Konditionen sind:

- KMUs können bei Beschäftigten für Lehrgangskosten einen Zuschuss beantragen, bei Beschäftigten, die jünger als 45 Jahre sind, bis zu 50 %.
- Diese Fortbildungen müssen außerhalb des Betriebes erfolgen und über kurzfristige Anpassungsfortbildungen hinausgehen.

- Betriebe bis zu neun Beschäftigten können Zuschüsse für die vollständigen Fortbildungskosten beantragen.
- Der Bildungsträger muss von der Agentur für Arbeit anerkannt werden.
- Es werden weitere Maßnahmen zu gesonderten Konditionen gefördert wie z. B. eine Umschulung oder Ausbildung mit anerkanntem Berufsabschluss oder berufsanschlussfähige Teilqualifizierungen.
- Die Förderquoten können individuell angepasst werden.

DOWNLOAD

https://www.arbeitsagentur.de/unternehmen/finanziell/foerderung-weiterbildung

4.3 Portale und Tools zur Fördermittelrecherche

Es gibt eine Vielzahl von Tools und Möglichkeiten zur Fördermittelrecherche. Aber kein Tool wird für sich in Anspruch nehmen können, über alle Förderprogramme zu verfügen. Um dies zu gewährleisten, müssten alle Fördermittelgeber über einen gemeinsamen Standard und Schnittstellen verfügen und zusätzlich automatisiert die Programme ich Echtzeit einpflegen. Das ist noch Zukunftsmusik.

Je nach Interessenslage, politischer Situation oder Anforderungen aufgrund sich stets verändernder Rahmenbedingungen werden neue Förderprogramme aufgelegt, eingestellt oder geändert. Ein perfekter oder absoluter Überblick ist kaum möglich. Nachfolgende Tools bieten Hilfestellungen bei der Recherche. Die Qualität der Ergebnisse hängt stark von der Fachkompetenz des Fördermittelberaters ab.

HINWEIS

Auch eine Recherche bei den Suchmaschinen z. B. Google ist durchaus sinnvoll. Oft werden die Ergebnisse jedoch durch SEO optimierte Websites beeinflusst. Nicht selten ist das Ergebnis ein Fördermittelcheck, den Fördermittelberater zur ersten Kontaktaufnahme für einen Kunden bzw. als Marketinginstrument nutzen. Ein Blick auf das Impressum ist dann schon aufschlussreich.

Nachfolgende Tools wurden in der Beratungspraxis sowie in der Ausbildung zum Berater für KMU-Fördermittel mit KMU-Fördermittelberatern erprobt.

4.3.1 Förderdatenbank des BMWi

Verantwortlich für die Inhalte der Förderdatenbank ist das Bundesministerium für Wirtschaft und Energie. In dem kostenfreien Tool findet man Förderprogramme von Bund, Ländern und EU. Das Portal ist strukturiert aufgebaut und bietet einen guten ersten Überblick. Für eine Recherche stehen mehrere Wege offen:

- Eine schnelle Fördersuche soll mit wenigen Suchbegriffen erste Ergebnisse bringen. Es kann auch nach Zuschüssen gefiltert werden.
- Mit dem Förderassistenten kann mit konkreteren Kriterien nach passenden Programmen gesucht und gute Ergebnisse erzielt werden.
- Über das Inhaltsverzeichnis geht die Recherche vom Bundesland über die Förderthemen und weist anschließend direkt die Förderprogramme aus.
- Die Selektion nach Terminen und Fristen soll motivieren, neu aufgelegte Programme nicht zu verpassen.

PRAXISBEISPIEL

Ein KMU aus Hessen plant Investitionen für eine Betriebserweiterung und möchte damit seine Existenz festigen. Folgende Themen werden selektiert:

TAB. 8: Schnellsuche Förderdatenbank

Fördergebiet	Hessen	Förderbereich	Existenzgründung & -festigung
Förderberechtigt	Unternehmen	Förderart	Zuschuss

Nachfolgende Ergebnisse werden erzielt (Abruf am 12.7.2018):

TAB. 9: Ergebnisse Praxisfall Förderdatenbank

Fördergebiet	Titel
Bund	Exist-Forschungstransfer
Bund	Förderung des Know-how-Transfers im Handwerk
Bund	Förderung unternehmerischen Know-hows
Bund	INVEST-Zuschuss für Wagniskapital
Hessen	Gründungs- und Mittelstandsförderung
Hessen	Gründungs- und Mittelstandsförderung – Existenzgründungsberatung usw.
Hessen	Innovationsförderung

Das Förderprogramm Regionalentwicklung erscheint nicht in den Ergebnissen. Wobei dieses Förderprogramm Chancen zur Beantragung von Zuschüssen bietet.

PRAXISTIPP

Ein Unternehmer oder Fördermittelberater muss wissen, dass in einer Regionalförderung Zuschüsse beantragt werden können. Mit diesem Know-how würde dann auch die Selektion entsprechend vorgenommen. Hier werden dann auch die GRW-Mittel ausgewiesen.

HINWEIS

Um gute Ergebnisse bei einer Fördermittelrecherche mit der Förderdatenbank zu erreichen, sind schon bei der Selektion der Kriterien Grundkenntnisse für öffentliche Fördermittel erforderlich.

Zur Aneignung von Grundkenntnissen ist es wichtig, sich vorab mit den Suchtipps zu beschäftigen. Weiterhin bietet die Förderdatenbank Informationen rund um das Förderwissen u.a. mit einem Förderglossar.

Die Ergebnisse einer Recherche werden tabellarisch aufgeführt und die Relevanz bewertet. Um zu prüfen, ob die ausgewiesenen Förderprogramme zum Projekt passen, erscheinen beim Anklicken übersichtlich die Details. Oft werden die Richtlinien ausgewiesen und auch Checklisten bereitgestellt. So kann gescheckt werden, ob das Vorhaben zum Förderprogramm passt.

MERKE

Die Förderdatenbank ist ein umfangreiches Tool, welches eine strukturierte und zielorientierte Recherche nach Förderprogrammen ermöglicht. Die Aufbereitung der Ergebnisse sind hervorragend. Mit dem Förderwissen werden Grundkenntnisse vermittelt. Zur Erreichung von guten Rechercheergebnissen ist fachliches Know-how erforderlich. Es ist wichtig zu wissen, dass dieses Tool nicht über alle Förderprogramme verfügt und weitere Recherchen empfehlenswert sind.

DOWNLOAD

Förderdatenbank des Bundes
http://www.foerderdatenbank.de/Foerder-DB/Navigation/root.html

4.3.2 safir® Finanzierungssoftware

Bei safir® handelt es sich um ein kostenpflichtiges Tool, um Fördermittelrecherchen durchzuführen. Hier werden auch unterschiedliche Recherchealternativen angeboten:

- Fördermittelübersicht,
- Standardrecherche,
- Erweitere Recherche,
- Projektrecherche,
- Branchensuche,
- FuE Recherche (spezifische Anforderungen bei der Förderung von Forschung und Entwicklung),
- IuK Recherche (spezifische Anforderungen bei Informations- und Kommunikationstechnik),
- Newsrecherche.

Filter können selbst kreiert oder ausgeschaltet werden. Per Mausklick kann sortiert, gelöscht, vorgemerkt oder Details angesehen werden. Ein Druckmanager rundet das komfortable und umfangreiche Tool ab. Die Ergebnisse können in einem Pool verwaltet und organisiert werden. Nach Unternehmensinformation sind in dem Tool (Stand: 26.6.2018) rund 500 öffentliche Förderprogramme für KMUs abrufbar. Auch hier gibt es bei den Ergebnissen die Auswahl zwischen Kurzfassung und ausführlichen Informationen.

Die Preise starten pro Arbeitsplatz monatlich bei 50 € für das Modul Fördermittelrecherche und liegen bei dem Finanzrechner mit Fördermitteloption bei 100 € monatlich. Hinzu kommt die gesetzliche Mehrwertsteuer. Weiterhin bietet das Unternehmen auch an, Fördermittelrecherchen und Softwareschulungen durchzuführen.

MERKE

Mit dem Tool safir® kann die Recherche strukturiert durchgeführt werden. Die Aufbereitung der Rechercheergebnisse ist komfortabel und übersichtlich. Um die Qualität der ausgewiesenen Förderprogramme zu bewerten, ist Fördermittel-Know-how erforderlich. Auch dieses Tool kann für eine Vollständigkeit aller veröffentlichen Förderprogramme nicht garantieren.

DOWNLOAD

safir® Finanzierungssoftware
https://www.safir-wid.de

4.3.3 Broschüre Wirtschaftliche Förderung vom BMWi

Die Broschüre für Wirtschaftliche Förderung ist eine Ergänzung der Förderdatenbank. Sie bietet einen Überblick über die Förderprogramme des Bundes und dient mit 123 Seiten als Nachschlagewerk. Der Aufbau orientiert sich an den Förderthemen:

- Innovation, Technologie und Neue Mobilität,
- Mittelstand: Gründen, Wachsen, Investieren,
- Energie und Nachhaltigkeit,
- Chancen und Globalisierung.

Zusätzlich werden Fachbegriffe erklärt und so ein erstes Förderwissen vermittelt. In einem Adressverzeichnis werden die wichtigsten Ansprechpartner aufgelistet und ein Verzeichnis mit Internetadressen ermöglicht eine weiterführende Recherche. Mit Checklisten kann geprüft werden, ob Programme passen könnten.

MERKE

Die Broschüre ermöglicht einen schnellen Einstieg in die Bundesprogramme und führt kurz und knackig wesentliche Kriterien auf. Sie gehört zur Grundausstattung eines jeden Fördermittelberaters. Zuständige Ansprechpartner können direkt kontaktiert werden, um detailliertere Informationen zu den jeweiligen Förderprogrammen zu erhalten.

VORSICHT

Inhalte in dieser Printversion können schon beim Drucken der Broschüre veraltet sein. Auch hier ist eine erweiterte Recherche erforderlich. Beispielsweise fehlt in der Broschüre 2015 die Auflistung der Hamburgischen Investitions- und Förderbank (s. ABB. 21: Landesförderbanken).

PRAXISTIPP

Die derzeitige veröffentlichte Ausgabe ist vom Juni 2015. Obwohl es keine jährlichen Aktualisierungen der Broschüre bisher gibt, ist diese in der Fördermittelpraxis sehr hilfreich. Viele Bundesprogramme werden oft erneut aufgelegt, die Richtlinien ergänzt oder verlängert. Um zu prüfen, ob das Förderprogramm passt, sollten die Anforderungen grundsätzlich anhand der vollständigen Richtlinie abgeglichen werden. Die Praxis hat gezeigt, dass beim Lesen der Richtlinie weitere Fragen aufkommen, die anschließend mit dem Projektträger im Gespräch geklärt werden können.

DOWNLOAD

Wirtschaftliche Förderung
https://www.bmwi.de/Redaktion/DE/Publikationen/Mittelstand/wirtschaftliche-foerderung-hilfen-investitionen-innovationen.html

4.3.4 Förderinstitute Bundesländer

Wie bereits in Kapitel 1.2. ausgeführt, liegt die Verantwortung zur Umsetzung der Förderrichtlinien für den Strukturfonds EFRE bei den Bundesländern. Die Förderbanken handeln im gesetzlichen Auftrag, um das jeweilige Bundesland mit den politischen Zielen zu unterstützen. Bei der Durchführung von Fördermaßnahmen sind die jeweiligen Rahmenbedingungen der europäischen Beihilfevorschriften zu berücksichtigen. Die Herausforderung dieser Banken ist es, die Balance zwischen freier Marktwirtschaft und Einhaltung des geforderten gesetzlichen Rahmens zu halten. Förderbanken müssen wettbewerbsneutral arbeiten. Obwohl sie ein breites Portfolio an bankwirtschaftlichen Dienstleitungen abdecken, handeln sie nicht als Geschäftsbanken. Sie bewältigen folgende Aufgaben:

- Durchleitung staatlicher Zuschüsse,
- Gewährung von Darlehen, Bürgschaften, Beteiligungen,
- Beratung in Förder- und Finanzierungsfragen.

MERKE

Die Beantragung von Förderdarlehen erfolgt über die Hausbank. Die prüft auch das Vorhaben und die Bonität. In Deutschland gibt es 16 Landesförderbanken gemäß Abb. 21.

HINWEIS

Die Landesförderinstitute bieten auf ihren Websites Recherchemöglichkeiten für die Länderprogramme an. Die Filter sind strukturiert und die Rechercheergebnisse übersichtlich aufbereitet. Merkblätter, teilweise auch Anträge und weitere Formulare stehen dort zum Download bereit. Die Kontaktdaten von Ansprechpartner für die jeweilige Förderung sind veröffentlicht.

HINWEIS

In diesen Tools findet man ausschließlich die Länderförderprogramme. Oft ist auch ein Telefonat der effizienteste Weg, festzustellen, ob es für das Vorhaben passende Förderprogramme gibt. Über diesen Weg kann man auch über geplante und noch nicht veröffentlichte Förderprogramme Informationen bekommen. Es kann oft wirtschaftlich sein, mit dem Start des Projektes dann noch zu warten.

ABB. 21: Länderförderinstitute

*Quelle: Bundesverband Öffentlicher Banken Deutschlands, VÖB

TAB. 10: Länderförderinstitute

Förderinstitut	Kontakt	Webadresse
IB.SH Schleswig-Holstein	IB.SH Fleethörn 29-31 24103 Kiel Tel.: 0431 9905-0 Fax: 0431 9905-3383	https://www.ib-sh.de/ wirtschaft-technologie/
BAB Die Förderbank für Bremen und Bremerhaften	Bremer Aufbau-Bank GmbH Langenstraße 2-4 28195 Bremen Tel.: 0421 96 00-415 Fax.: 0421 96 00-840	https://www.bab-bremen.de
Haburgische Investi-tions-und Förderbank	Hamburgische Investitions- und Förderbank Anstalt öffentlichen Rechts Besenbinderhof 31 D-20097 Hamburg Tel.: 040-24846-0 Fax: 040-24846-432	https://www.ifbhh.de
NBank	Investitions- und Förderbank Niedersachsen – NBank Günther-Wagner-Allee 12 - 16 30177 Hannover Tel.: 0511-30031-0 Fax.: 0511 -0031-300	http://www.nbank.de
NRW Bank	NRW.BANK Kavalleriestraße 22 40213 Düsseldorf Tel.: 0211 91741 - 0 Fax: 0211 91741 - 1800	https://www.nrwbank.de
ISB Investitions- und Struk-turban Rheinland-Pfalz	Investitions- und Strukturbank Rheinland-Pfalz (ISB) Anstalt des öffentlichen Rechts Holzhofstraße 4 55116 Mainz Tel.: 06131 6172-0 Fax: 06131 6172-1299	https://isb.rlp.de

Förderinstitut	**Kontakt**	**Webadresse**
SIKB Saarländische Investitionskreditbank AG	Saarländische Investitionskreditbank Aktiengesellschaft Atrium Haus der Wirtschaftsförderung Franz-Josef-Röder-Straße 17 66119 Saarbrücken Tel.: 0681-3033-0 Fax.: 0681-30 33-100	http://www.sikb.de
L-Bank Staatsbank Baden-Württemberg	L-Bank 76113 Karlsruhe Tel.: 0721 150-0 Fax.: 0721 150-1001	https://www.l-bank.de
LfA Förderdatenbank Bayern	LFA FÖRDERBANK BAYERN Königinstraße 17 80539 München Tel.: 089-21240 Fax: 089-2124-2440	https://lfa.de
Landesförderinstitut Mecklenburg Vorpommern	Landesförderinstitut Mecklenburg Vorpommern Werkstr. 213 19061 Schwerin Tel.: 0385 6363 0 Fax.: 0385 6363 1212	https://www.lfi-mv.de
Investitionsbank Berlin	Investitionsbank Berlin Bundesallee 210 10719 Berlin Tel.: 030-21 25 - 0 Fax.: 030-21 25 - 20 20	https://www.ibb.de/de
ILB Investitionsbank des Landes Brandenburg	Investitionsbank des Landes Brandenburg (ILB) Babelsberger Straße 21 14473 Potsdam Tel.: 0331 660-0 Fax: 0331 660-1234	https://www.ilb.de
IB Investitionsbank Sachsen Anhalt	Investitionsbank Sachsen-Anhalt – Anstalt der Norddeutschen Landesbank Girozentrale Domplatz 12 39104 Magdeburg Tel.: 0391 589 1745 Fax: 0391 589 1754	https://www.ib-sachsen-anhalt.de

Förderinstitut	Kontakt	Webadresse
Thüringer Aufbaubank	Thüringer Aufbaubank Anstalt öffentlichen Rechts Gorkistraße 9 99084 Erfurt Tel: 0361-7447-0 Fax: 0361-7447-410	https://www.aufbaubank.de
SAB Sächsische Aufbaubank	Sächsische Aufbaubank – Förderbank Pirnaische Straße 9 01069 Dresden Tel. 0351- 4910 0 Fax 0351-4910 4000	https://www.sab.sachsen.de
WIBank Wirtschafts- und Infrastrukturbank Hessen	Wirtschafts- und Infrastrukturbank Hessen 60297 Frankfurt am Main Strahlenbergerstraße 11 63067 Offenbach am Main Tel. 069 91 32-03 Fax: 069 91 32-4636	https://www.wibank.de

4.3.5 KfW Bankengruppe

Bei der KfW handelt es sich um ein Förderinstitut des Bundes. Diese wurde im Jahr 1948 als Kreditanstalt für Wiederaufbau gegründet, um mit dem Marshallplan den Wiederaufbau der deutschen Wirtschaft zu unterstützen. Sie ist eine Anstalt des öffentlichen Rechts und hat eine Refinanzierungsgarantie des Bundes. Die KFW handelt im Staatsauftrag und ist ein politisches Instrument der Bundesregierung. So soll der Wandel in der Wirtschaft, in der Ökologie und in der Gesellschaft nachhaltig unterstützt werden.

Mit Förderangeboten sollen Marktschwächen behoben werden:

- Zinsgünstige Kredite,
- Garantien,
- Eigenkapitalbeteiligungen,
- Zuschüsse.

Zielgruppen der KFW sind Privatpersonen, Unternehmen und öffentliche Einrichtungen. Die Recherche nach Förderprogrammen kann nach Thema, Zielgruppe oder direkt über das Programm erfolgen. Der Aufbau ist strukturiert. Die Ergebnisse werden übersichtlich ausgewiesen. Auch hier können Merkblätter, Formulare und Musteranträge heruntergeladen werden. Veröffentlichte Praxisbeispiele vermitteln transparent in Kurzform, welche Förderprogramme in Frage kommen. Die Beantragung erfolgt auch hier über die Hausbank des KMUs.

Hauptsitz Frankfurt am Main
KfW Bankengruppe
Palmengartenstraße 5-9
60325 Frankfurt am Main
Tel.: 069 74 31 - 0
Fax: 069 74 31 - 29 44

PRAXISTIPP

Die Hotline ist relativ gut besetzt. Hier gibt es bereits kompetente Hilfestellungen. Man kann sich auch an die KFW-Standorte direkt wenden. Die Kontaktdaten sind auf der Website hier https://www.kfw.de/KfW-Konzern/Kontakt/ veröffentlicht. Unter Service werden einige brauchbare Tools zur Nutzung bereitgestellt:

- Tilgungsrechner,
- Subventionsrechnung,
- KfW-Vorteilsrechner.

4.3.6 Förderberatung des Bundes Forschung und Innovation

Handelt es sich bei dem Förderprojekt um eine Innovation oder vielleicht soll auch geforscht werden, bietet die Website der Bundesregierung https://www.foerderinfo.bund.de umfangreiche Recherchemöglichkeiten. Die Recherche kann nach folgenden Kategorien erfolgen:

- Themen (z. B. Sicherheit, Gesundheit, Kommunikation, ...)
- Fördermittelgeber (Bund, Länder, EU)
- Förderprogramme für KMUs
  - ZIM
  - KMU innovativ
  - Eurostars
  - Bundesförderung

- Landesförderung
- KMU-Förderung EU

► Wettbewerbe, Preise

Im Service sind die Projektträger bzw. Ansprechpartner inklusive der angebotenen Themen veröffentlicht. Ansprechpartner für weitere Beratungsangebote sowie Informationen über forschungsfördernde Einrichtungen inklusive weiterführende Links sind wertvolle Hilfestellungen. Relevante Förderbegriffe werden erklärt.

HINWEIS

Dieses Portal deckt das Thema Innovation sowie Forschung und Entwicklung umfangreich ab. Trotz guter Struktur und Übersicht ist ein entsprechendes Know-how in der Innovationsberatung erforderlich, um bei der Vielzahl der Ansprechpartner und Informationen einen Überblick zu bekommen. Weitere Informationen zur Vorgehensweise folgen im Kapitel 6.

PRAXISTIPP

Wer sich bereits mit dem Thema Innovationen beschäftigt oder sich Know-how aneignen möchte, sollte sich den Newsletter abonnieren. So bleibt man stets auf dem Laufenden bzgl. neuer Förderbekanntmachungen des Bundes, Bewerbungsfristen, Wettbewerbe, Publikationen, Veranstaltungen und vieles mehr.

4.3.7 DVS – Deutsche Vernetzungsstelle Ländliche Räume

Die Deutsche Vernetzungsstelle Ländliche Räume ist in der Bundesanstalt für Landwirtschaft (BLE) angesiedelt. Sie hat den Auftrag, den Austausch von Ergebnissen, Erfahrungen und Know-how zwischen Institutionen und anderen Akteuren des ländlichen Raumes zu fördern. Das Netzwerk wird vom Dorf bis zur EU gepflegt. Ein Programmbegleitausschuss mit Vertretern aus Bund, Ländern, Wirtschaft, Soziales und Umwelt legt das Jahresprogramm fest. Der DVS ist zur regelmäßigen Berichterstattung verpflichtet.

In den Veranstaltungen des DVS werden Akteure ländlicher Räume zum Austausch zur Entwicklung der ländlichen Region vernetzt. Der DVS hat folgende Aufgaben:

► Transparenz und Chancen der Fördermöglichkeit des ELER,

► Vernetzung der regionalen Akteure,

- Durchführen von Veranstaltungen und Schulungen,
- Projekte als Praxisbeispiele aufbereiten und veröffentlichen,
- Austausch mit den Gremien (s. u. LAG),
- Öffentlichkeitsarbeit.

PRAXISTIPP

Anhand der vielen Praxisbeispiele, die auf der Website veröffentlicht sind, kann geprüft werden, ob eine Projektidee sich evtl. für das LEADER-Förderprogramm eignet. Weiterhin werden zahlreiche Informationsmaterialen zum Download bereitgestellt.

HINWEIS

Ein Online-Förderwegweiser bietet strukturierte Recherchemöglichkeiten zu weiteren Förderungen und Wettbewerben. Es kann nach Themen oder auch nach EU-Programmen recherchiert werden. In der Rubrik EU-Programm werden auch die Struktur- und Investitionsfonds der EU mit weiterführenden Links vorgestellt. Förderinstitute werden sehr umfangreich aufgeführt:

- Förderdatenbank der EU und des Bundes
- Förderdatenbanken der Länder
- Förderdatenbanken der Förder- und Landesbanken
- Stiftungsdatenbanken
- Förderdatenbanken der Kammern und Verbände

DOWNLOAD

Förderinsititutionen
https://www.netzwerk-laendlicher-raum.de/service/foerderung-wettbewerbe/foerderinstitutionen/

In Deutschland gibt es 321 LEADER-Regionen, die ca. 2/3 der Fläche der Bundesrepublik einnehmen. Die LEADER-Regionen können sich thematisch an ihrem Bedarf orientieren.

ABB. 22: LEADER-Regionen in Deutschland 2014-2020

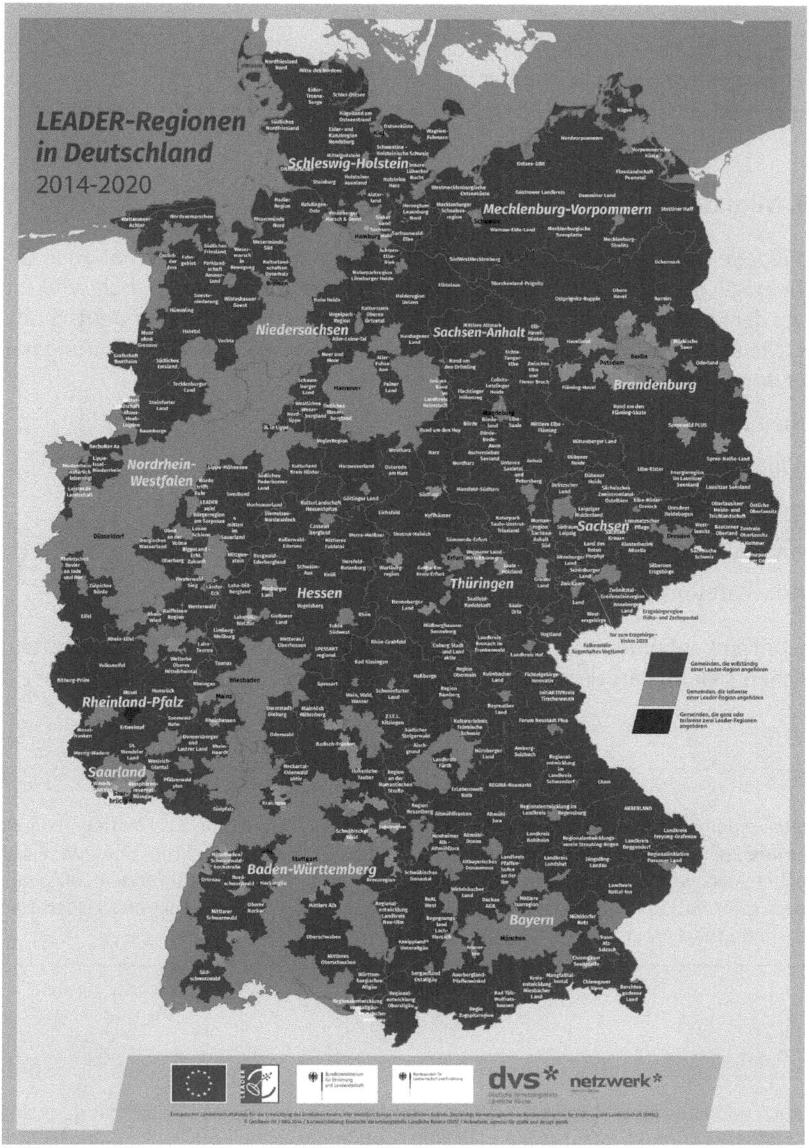

Quelle: Bundesanstalt für Landwirtschaft und Ernährung – dvs - Broschüre „ELER in Deutschland, Programmübersicht 2014-2020“

DOWNLOAD

dvs - Netzwerk Ländliche Räume
https://www.netzwerk-laendlicher-raum.de/service/die-dvs/

4.3.8 Ministerien

Verschiedene Ministerien bieten Websites mit umfangreichen Informationen und Recherchemöglichkeiten zu öffentlichen Förderprogrammen. Exemplarisch wird hier die Website der Bundesregierung für den ESF (Europäischer Sozialfond für Deutschland) genannt. Die ESF-Förderprogramme werden bundesweit unter der Federführung nachfolgender Bundesministerien umgesetzt:

- Arbeit und Soziales,
- Bildung und Forschung,
- Familie, Senioren, Frauen und Jugend,
- Umwelt, Naturschutz, Bau und Reaktorsicherheit,
- Wirtschaft und Energie.

Weiterhin gibt es Förderprogramme der Bundesländer, um die regionalen arbeitsmarktpolitischen Ziele zu berücksichtigen.

HINWEIS

Die Website der Bundesregierung www.esf.de bietet einen übersichtlichen Einstieg in die Förderprogramme des ESF. Die ESF-Programme können mit einer direkten Suchfunktion oder Filterfunktion recherchiert werden. Eine Übersicht mit Kontaktdaten und weiterführenden Links wird ausgewiesen. Informationsmaterial steht zum Download bereit. Es kann selektiert werden zwischen Bundes- und Länderprogrammen.

PRAXISTIPP

Es ist auch durchaus empfehlenswert, bei thematischen Sonderthemen direkt mit dem zuständigen Ministerium Kontakt aufzunehmen. Oft sind Förderprogramme noch in Planung oder nicht veröffentlicht. In der Regel lässt sich dort ein kompetenter Ansprechpartner ermitteln.

4.3.9 Mit weiteren Medien informiert bleiben

Wie bereits ausgeführt, sind öffentliche Fördermittel ein politisches Steuerungsinstrument. Um einschätzen zu können, wie sich Fördermittelprogramme entwickeln werden, ist es zwingend erforderlich, die politischen Entwicklungen, insbesondere Ziele, zu beobachten und mit den relevanten Stellen in Kontakt zu bleiben. Hierzu bieten sich folgende Medien an:

- Tagespresse,
- Fachpresse,
- ERFA-Tagungen,
- Verbandsmitgliedschaften,
- Aktivitäten und Veranstaltungen (z. B. Kammern, Wirtschaftsverbände, regionale Banken),
- Abonnieren von Newslettern,
- Xing-Mitgliedschaften (z. B. Fördermittel: Redaktion Buttenmüller).

4.4 Tipps für die Fördermittelrecherche in der Praxis

Voraussetzung einer zielorientierten Fördermittelrecherche ist die Vorlage der Projektdaten. Diese können mit Hilfe der nachfolgenden Checklisten erfasst werden:

- Checkliste 3: Konformität Politischer Ziele
- Checkliste 12: Fördermittelcheck
- Checkliste 13: Vorhaben Kurz
- Checkliste 14: GRW-Mittel für KMUs.

Je nach Schwerpunkt des Vorhabens kann anschließend die Recherche mit den vorgenannten Tools gestartet werden.

PRAXISTIPP

Zur Recherche sollten verschiedene Tools genutzt und die Ansprechpartner direkt kontaktiert werden. In einem Gespräch lässt sich schnell klären, welche Ziele mit der Richtlinie verfolgt werden. So kann bewertet werden, ob ein Förderprogramm grundsätzlich zum Vorhaben passt oder ob es Sinn macht, das Projekt entsprechend zu entwickeln.

PRAXISBEISPIEL

Ein Unternehmer plant, eine weitere Produktionsstätte zu eröffnen. Diese Anlage wird automatisiert betrieben. Für die Investition sollen insbesondere öffentliche Zuschüsse beantragt werden. Zunächst war geplant, diese Investition in Hessen zu tätigen. Bei einer Recherche wurde jedoch festgestellt, dass bei einer Verlegung der Maßnahme in eine wirtschaftsschwache Region Chancen auf höhere Förderquoten bestehen z. B. in Thüringen. Wenn weitere Bundesländer den Anforderungen an die Standortfaktoren entsprechen, können auch weitere Länderprogramme bzw. die GRW-Mittel bei der Recherche relevant sein und sollten berücksichtigt werden.

MERKE

Die Herausforderung einer erfolgreichen Recherche ist es, sich bei einem ganzheitlichen Ansatz bzw. unter Berücksichtigung variabler Parameter wie z. B. der Ort der Maßnahme, nicht zu verzetteln. Mit professionellem Fördermittel-Know-how wird dies vermieden.

VORSICHT

Die jeweiligen Ansprechpartner der Förderbanken oder Projektträger beraten meistens nur in den eigenen Förderprogrammen. In den seltensten Fällen können Vergleiche oder Bewertungen der Konditionen anderer Förderprogramme vorgenommen werden.

ABB. 23: Möglicher Ablauf einer Fördermittelrecherche

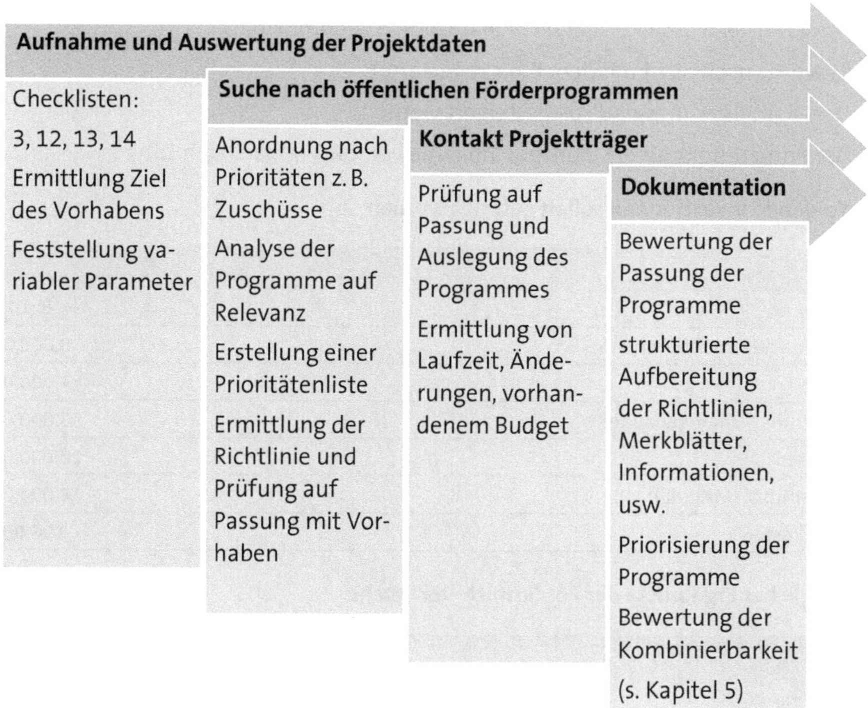

PRAXISFALL

Ein Unternehmer hat vor zwei Jahren den Dachdeckerbetrieb seiner Eltern in Hanau übernommen. Es werden 18 Mitarbeiter beschäftigt. Der Unternehmer möchte das Unternehmen modernisieren. Zunächst plant er für ein noch einzuführendes Analyseverfahren beim Wärmeverlust von Dächern neue Software und Hardware anzuschaffen. Die Software soll mit JavaScript programmiert werden. Die Wärmebildkamera wird mit neuartigen und individuell abgestimmten Komponenten exklusiv für den Unternehmer hergestellt. Die Kosten hierzu betragen 8.000 €. Er möchte seinen neuen Service mit einer Internetseite bekanntmachen. Die Kosten belaufen sich auf 4.000 €. Weiterhin soll das Firmengebäude für 56.000 € renoviert werden. Der Betrieb will sich auf Altbauten und Villen spezialisieren und benötigt für 10.000 € weitere Maschinen. Für die Bewältigung von Großaufträgen muss er mit Material in Höhe von 20.000 € in Vorleistung gehen. Eigenmittel können bis zu 18.000 € eingesetzt werden.

I. Folgende Fragen wurden geklärt:

- Es handelt sich um ein KMU.
- Fördermittel wurden bisher nicht in Anspruch genommen.
- Es wurde noch nicht mit dem Projekt gestartet.
- Der Digitalisierungsgrad soll gesteigert werden.
- Der Primäreffekt für die Inanspruchnahme von GRW-Mitteln fehlt.

II. Folgende Investitionen sollen getätigt werden

TAB. 11: Praxisbeispiel Investitionen

Art	Betrag
Software + Wärmebildkamera	8.000,00
Website	4.000,00
Renovierung Firmengebäude	56.000,00
Maschinen	20.000,00
Betriebsmittel (Material)	18.000,00
Gesamtkosten	**106.000**

III. Möglicher Ergebnisse der Fördermittelrecherche

TAB. 12: Mögliche Ergebnisse Fördermittelreche

Finanzierungsart	Investition	Betrag
Förderprogram Zuschüsse: Digitalzuschuss Hessen	Software + Wärmebildkamera + Website	6.000,00
Förderprogramm Darlehen ERP-Gründerkredit	Renovierung Firmengebäude Maschinen Betriebsmittel	56.000,00 10.000,00 18.000,00
Förderprogramm Zuschüsse BAFA Junge Unternehmen	Beratungskosten (Finanzkonzept, Online-marketingkonzept)	2.000,00
Eigenmittel	Software + Wärmebildkamera + Website Beratungskosten Maschinen	6.000,00 2.000,00 10.000,00
Summen		
Investitionen		110.000,00
Förderdarlehen		84.000,00
Zuschüsse		8.000,00
Eigenmittel		18.000,00

IV. Hinweis zum Praxisfall

Voraussetzung zur Förderung einer Website im Förderprogramm Digitalzuschuss Hessen ist ein Onlinemarketingkonzept. Eine weitere Alternative für die Beratung ist die Beantragung von Zuschüsse der hessischen Beratungsförderung „Digitalisierungsberatung“. Welches Programm am besten passt, ist anhand vom Beratungsbedarf des Kunden im Vorfeld zu ermitteln (s. Kapitel 2).

5. Fördermittelanalyse

Im Rahmen der Fördermittelrecherche werden alle relevanten Informationen zum Förderprogramm den Fördermittelrichtlinien entnommen und zusammengetragen. Diese Informationen werden in der Fördermittelanalyse anhand der relevanten Kriterien strukturiert, gewichtet und bewertet. Grundsätzlich können hier verschiedene Analyse- und Bewertungsmethoden sinnvoll sein.

MERKE

Die größte Herausforderung im Rahmen der Fördermittelanalyse ist, die Intension eines Förderprogrammes zu verstehen und auf das Projekt zu übertragen. In vielen Richtlinien werden innovative Vorhaben vorausgesetzt. Es gilt herauszuarbeiten, ob mit dem Vorhaben des Unternehmens die Ziele der Richtlinie erreicht werden. Die Richtlinien lassen oft auch einen gewissen Handlungs- bzw. Entscheidungsspielraum. Ein Gespräch mit dem Projektträger hilft, den Handlungsspielraum zu ermitteln, der zunächst den juristischen Formulierungen nicht offensichtlich zu entnehmen ist.

HINWEIS

Oft gibt es nur schwammige Auskünfte bei Projektanfragen. Die Ansprechpartner möchten sich hier nicht zu weit aus dem Fenster lehnen, ohne das Vorhaben bzw. den Antrag vorab gesehen und geprüft zu haben. Konstruktive freundliche Hartnäckigkeit kann sich hier auszahlen. Mit einer telefonischen Anfrage kann geklärt werden, ob unter bestimmten Voraussetzungen ein Projekt grundsätzlich förderbar wäre.

HINWEIS

Hier ein paar Tipps für ein ergebnisorientiertes Erstgespräch mit dem Projetträger

- Lesen Sie die Richtlinie gründlich durch.
- Erkennen Sie die Intension des Förderprogramms.
- Überlegen Sie, mit welchen Ergebnissen des Vorhabens die Ziele der Richtlinie erreicht werden können.
- Markieren Sie die Stellen, welche hinterfragt werden sollen.
- Prüfen Sie anhand vom Projekt, welche Parameter variable sind (z. B. Ort der Maßnahme).
- Prüfen Sie Entwicklungspotenzial für das Vorhaben (z. B. weitere Produktdiversifikation, welche zunächst noch nicht vorgesehen war).

- Erstellen Sie eine Checkliste.
- Zeigen Sie im Gespräch Verständnis, sofern der Ansprechpartner sich nicht festlegen möchte.
- Klären Sie die offenen Fragen bzgl. einer grundsätzlichen Förderbarkeit.
- Notieren Sie die Ergebnisse und übertragen diese in die Fördermittelanalyse.

5.1 Analyse und Bewertungsmethoden in der Praxis

Im Rahmen der Beratungspraxis hat sich eine Mischung aus Nutzenwertanalyse und SWOT-Analyse als hilfreich erwiesen.

Im Vorfeld werden die Parameter festgelegt, die für die jeweiligen Förderprogramme gegenüber gestellt und bewertet werden sollen. In der Fördermittelberatung haben sich hier fünf bis max. zehn Kriterien als praktikabel bewährt. Die Gewichtung und Bewertung wird anschließend anhand der Prioritäten bzw. Interessen des Unternehmers vorgenommen.

MERKE

Ziel dieser Methode ist es, als Ergebnis der Zusammenarbeit von Unternehmer und Fördermittelberater das am besten passende und lukrativste Förderprogramm herauszufiltern.

PRAXISBEISPIEL

Ein Unternehmen mit Betriebssitz in Bayern plant ein IT-Innovationsprojekt. Eine weitere Betriebsstätte befindet sich in Berlin. Es soll ein neues Produkt entwickelt werden. Weiteres Personal wird benötigt. Ein Mitarbeiter wird nicht in der Entwicklung arbeiten und soll für die Vermarktung der Innovation eingesetzt werden. Beauftragt wird eine Recherche nach öffentlichen Förderprogrammen mit Zuschüssen. Folgende Ergebnisse wurden recherchiert:

TAB. 13: Ergebnisse Recherche Praxisfall

Förderprogramm	Laufzeit bis	Projektträger
FuE Programm Informations- und Kommunikationstechnik Bayern	31.12.2018	VDE/VDE/ID
Bayerisches Technologieförderungs-programm (BayTP)	31.12.2018	Projektträger Bayern
Pro FIT Projektfinanzierung Berlin	31.12.2019	Investitionsbank Berlin
Berlin Innovationsassistent	31.12.2018	Investitionsbank Berlin
ZIM	31.12.2019	Euronorm AiF Projekt GmbH VDI/VDE Innovation + Technik GmbH

Anhand der obigen To-Do Liste werden die Ergebnisse auf Relevanz geprüft. Die wesentlichen Eckdaten werden anschließend in der Fördermittelanalyse übertragen und bewertet.

ABB. 24: Fördermittelanalyse Beispiel

Förderprogramme / Parameter	Fördermittelanalyse					Bewertung	
	Bayern FuE	Bayern Techno-logie Förderpro-gramm (BayTP)	Berlin Pro-gramm FuE (Pro FIT)	Berlin Innovations-assistent	ZIM	100	Note 1-6
Ziel						20	
Förderfähige Projekte						20	
Zuschuss Höhe + Einschrän-kungen						20	
Zuwendungsfähige Kosten						20	
Verbund/Einzelpro-jekte						5	
Art Antragstellung						5	
Administrativer Aufwand						10	
Besonderheiten							

MERKE

Auch die Alternativen bei der Antragsstellung und Administration sind ein wichtiges Kriterium bei der Bewertung. Folgende Faktoren können sich bei den jeweiligen Fördermittelrichtlinien unterschiedlich auswirken:

ABB. 25: Mögliche Faktoren zur Bewertung der Administration

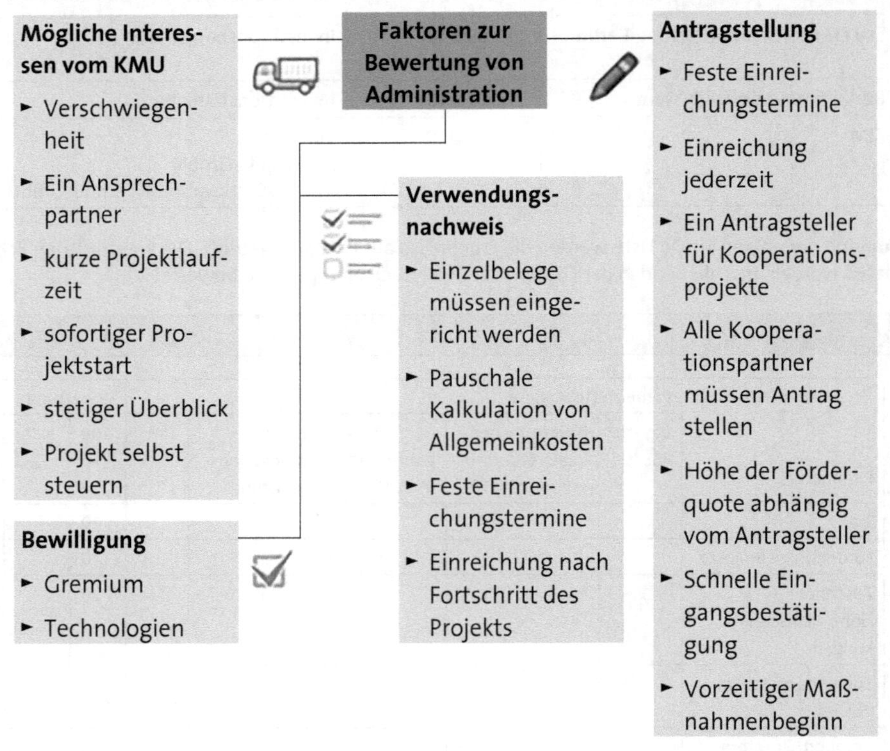

HINWEIS

In vielen Fällen möchte ein Unternehmer auch Zuschüsse für Personalkosten eines Mitarbeiters beantragen, der nicht an der Entwicklung der Innovation beteiligt ist. In vielen FuE-Förderprogrammen sind jedoch in der Regel nur Personalkosten für die Entwicklung von neuen Produkten und Dienstleistungen zuwendungsfähig. Zur Beantragung weiterer Zuschüsse bieten sich hier die Förderprogramme für Innovationsassistenten an. In einigen Bundesländern ist es möglich, entsprechende Zuschüsse für Personalkosten von Mitarbeitern zu beantragen, die für die Vermarktung der Innovation eingesetzt werden. Je nach Bundesland können die Richtlinien jeweils in den Einzelheiten variieren.

Anschließend werden die Ergebnisse im Rahmen einer SWOT-Analyse untersucht.

ABB. 26: SWOT-Analyse

	Stärken	Schwächen
Intern	Wie kann das Fördermittelprojekt entwickelt werden, so dass es gut zu den Zielen und Stärken des Unternehmens passt?	Welche Schwachstellen ergeben sich für das Unternehmen bei der Weiterentwicklung des Fördermittelprojektes? (z. B. Standortverlegung)
	Chancen	**Risiken**
Extern	Welche Chancen ergeben sich für das Unternehmen aufgrund der Weiterentwicklung des Projektes (z. B. Geschäftsmodellentwicklung, Wettbewerbsfähigkeit, aufgrund vorgezogener Investitionen finanziert mit Fördermitteln)	Welche Risiken ergeben sich aufgrund der Einhaltung von Auflagen des gewünschten Förderprogrammes? (z. B. Sicherung der Arbeitsplätze mindestens fünf Jahre, hoher administrativer Aufwand mit geringen Erfolgsquoten) Mit welcher Strategie können die Risiken vermieden werden?

HINWEIS

Bei Ermittlung des Beratungsbedarfs wird sich oft ausschließlich auf das Vorhaben konzentriert. Beispielsweise möchte ein Unternehmen den Betrieb erweitern oder Investitionen tätigen. Ausführlich stellt der Unternehmer die geplanten Baumaßnahmen einem Berater vor oder beschreibt die tollen Funktionen von Maschinen. Ein Investitionsplan wird erstellt. Öffentliche Fördermittel sollen genutzt werden. Konzentriert man sich jetzt ausschließlich auf die Eckdaten der geplanten Maßnahme, würden einige Förderprogramme nicht in Frage kommen. Das methodische Hinterfragen bringt Aufschluss über Maßnahmen, welche das Unternehmen so noch nicht im Blick hatte, aber durchaus das Wachstum und die Wettbewerbsfähigkeit ankurbeln. Beispielsweise wollte ein Betrieb ohnehin ein automatisiertes Marketingtool anschaffen, einen neuen Mitarbeiter einstellen oder alte Kühlaggregate sollen ausgewechselt werden. Mit diesen Maßnahmen könnten erste Anforderungen einer Richtlinie erfüllt werden:

- Steigerung Digitalisierungsgrad,
- Arbeitsplatzsicherung und Arbeitsplatzschaffung,
- Reduzierung CO_2 Ausstoß.

Da die Förderprogramme in der Regel mehrere Ziele verfolgen, kann im Rahmen der SWOT-Analyse das Vorhaben sowie eine Strategie erarbeitet werden, um Chancen auf die Inanspruchnahme, insbesondere von Zuschüssen, zu erhöhen (s. Checkliste 3).

5.2 Anforderungen an den Innovationsgrad

Eine Vielzahl von öffentlichen Förderprogrammen verfolgt das Ziel, Innovationen und damit die Wettbewerbsfähigkeit von KMUs in der EU voranzutreiben. Die Chancen auf die Bewilligung von öffentlichen Zuschüssen steigen mit dem Anspruch an den Innovationsgrad eines Projektes. Die jeweiligen Richtlinien definieren Innovationen völlig unterschiedlich bzw. haben andere Anforderungen an den Innovationsgrad. Grundsätzlich ist festzustellen, dass der geforderte Innovationsgrad z. B. eines Produktes oder einer Dienstleistungen in der Regel von folgenden Faktoren abhängig ist:

ABB. 27: Anforderungen an den Innovationsgrad

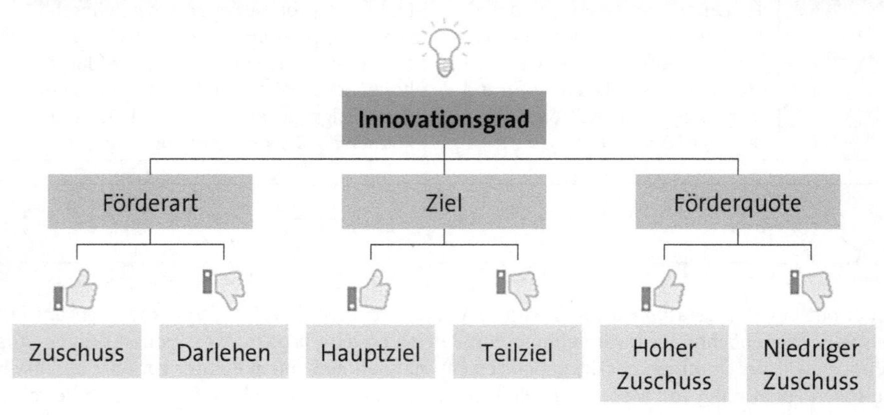

MERKE

Der Anspruch an den Innovationsgrad steigt, wenn ein Förderprogramm

- mehr Vorteile z. B. in Form von Zuschüssen bietet,
- Innovationen das Hauptziel sind,
- je höher die Förderquote ist.

5.2.1 Definition von Innovationen

Das Wort Innovation ist vom lateinischen Verb „innovare“ abgeleitet und bedeutet „erneuern“. Eine Idee oder Erfindung wird erst dann zu einer Innovation, wenn diese umgesetzt wird bzw. eine Marktdurchdringung erfolgt. Bei einer Innovation werden aus vorhandenem Wissen neue Anwendungen generiert.

ABB. 28: Definition Innovation

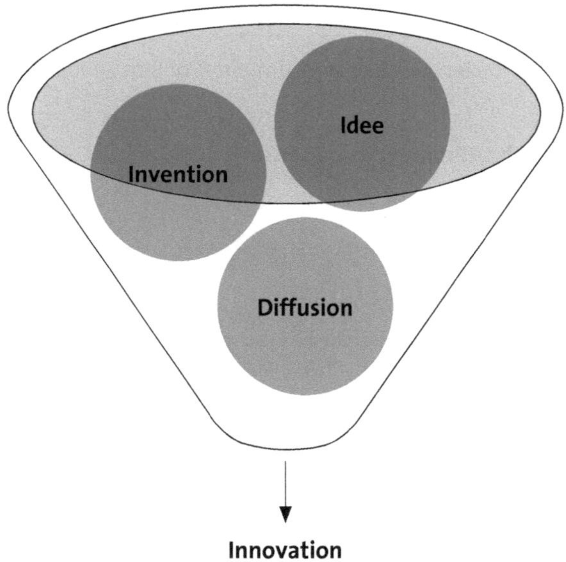

Nachfolgende Innovationsarten können unterschieden werden:

TAB. 14: Innovationsarten

Innovationsarten	
Produktinnovationen	Neue oder sehr verbesserte Produkte bzw. Dienstleistungen (z. B. Kundenbedürfnisse befriedigen)
Prozessinnovationen oder Verfahrensinnovationen	Veränderung bzw. Neugestaltung der für die Leistungserbringung notwendigen Prozesse (z. B. Verbesserung der betrieblichen Abläufe und Geschäftsprozesse zur Steigerung der Effizienz)
Geschäftsmodellinnovationen oder Konzeptinnovationen	Innovationen in der Geschäftsstrategie, Marketing, Wertschöpfung, Preisbestimmung usw.

Organisatorische Innovationen	Verbesserungen in der Ablauf- und Aufbauorganisation (z. B. Tools zur Messung der Kundenzufriedenheit)
Soziale Innovationen	Veränderung im Humanbereich einer Organisation, (z. B. Gestaltung des Arbeitsprozesses als ständiger Lernprozess, Erhöhung der Arbeitssicherheit, Verstärkung der Teamarbeit)
Umweltinnovationen und Nachhaltigkeit	Verbesserung der Unternehmensleistung zur Auswirkung auf Umweltverträglichkeit mit dem Ziel der Nachhaltigkeit (z. B. Vermeidung von Emissionen, Maßnahmen zur Erhöhung des Umweltschutzes, Reduzierung CO_2-Ausstoß)

Innovationen können forciert werden, z. B. um ein Problem zu lösen oder sie passieren zufällig.

Zufällige Innovation ohne Problemlösungsansatz:

PRAXISBEISPIEL

Eis am Stiel

Der elfjährige Frank Epperson ließ versehentlich eine Limonade aus Wasser und Brausepulver samt Holzstäbchen zur Abkühlung draußen stehen. Am nächsten Morgen hat er einen gefrorenen Klumpen vorgefunden. Er kippte den Becher um und schon war der erste Eislutscher (Popsicle) erfunden. Als er bereits selbst Vater war, ließ er sich im heißen Sommer 1923 seine Erfindung patentieren.

PRAXISBEISPIEL

Mikrowelle

Percy Spencer arbeitete als Funker bei der US-Marine und später bei Raytheon als Leiter des Forschungslabors und entwickelte dort Magnetrons. Hierbei handelt es sich um eine Vakuum-Laufzeitröhre zur Erzeugung elektromagnetischer Wellen. Dass diese auch Wärme erzeugten, war schon bekannt. Der Nutzen war jedoch nicht offensichtlich. Als sich Spencer in der Nähe eines Magnetron befand, stellte er zufällig fest, dass die Schokolade in seiner Kleidung schmolz. Das war der Auslöser der Idee, mit einem Mikrowellenherd Speisen zu erwärmen. Das erste Modell mit einer Größe von zwei Metern wurde 1947 vorgestellt. 1967 wurden die ersten Haushaltsgeräte verkauft.

Einen wissenschaftlichen Ansatz bietet der Ökonom Joseph Schumpeter mit seinem im Jahr 1912 erschienen Buch „Theorie der wirtschaftlichen Entwicklung“. Er definiert Innovationen als eine Kombination von zur Verfügung stehender Dinge und Kräfte, die andersartig und sprunghaft sind.

MERKE

Kombinationen, die regelmäßig in kleinen Verbesserungsschritten des Bestehenden erfolgen, sind nach seiner Definition keine Innovationen.

PRAXISBEISPIEL

Ein mittelständischer Anlagenbauer hat nachfolgende Erwartungen an Innovationen formuliert.

TAB. 15: Erwartungen eines KMU an Innovationen

Radikale Innovationen	► Vollkommen neue und hoch wirtschaftliche Anwendungslösungen (ein Paradigmenwechsel für den Kunden) ► Andauernde Differenzierung gegenüber der Konkurrenz ► Attraktives Volumenpotenzial
Signifikate Innovationen	► Quantensprung gegenüber bestehender Anwendungslösung ► Große Verbesserung einer bestehenden Produktlinie (manche Eigenschaften werden um 30 % oder mehr verbessert) ► Unterstützung bzw. Verstärkung der führenden Position der Produktlinie ► Wirtschaftliche Relevanz
Inkrementelle Innovationen	► Mehrwert für eine bestehende Anwendungslösung durch zusätzliche Merkmale, Verbesserung bestehender Eigenschaften oder durch Reduktion der Produktionskosten

Quelle: Wunderwaffe Innovation – Beat Birkemeier/Harald Brodbeck

5.2.2 Technologietrends und Treiber

In vielen KMUs gibt es kaum eine Innovationskultur. Ausschlaggebend für neue Ideen sind dann oft interne oder externe Treiber, die auf das Unternehmen Druck ausüben, um im Markt bestehen zu bleiben.

Mögliche interne Treiber:

- Verbesserung der Prozesse
- Optimierung der Kostenstruktur
- Organisatorische Veränderungen

- Zunehmendes Datenvolumen
- Individuelle Anforderungen von Personen

Mögliche externe Treiber:

- Anforderungen von Kunden
- Veränderungen der Märkte
- Gesetzliche Anforderungen
- Anforderungen von Lieferanten

Zusätzlich wirken sich neue Technologietrends auf bestehende Geschäftsmodelle aus. Der Hype Cycle dient als Instrument, anhand der Trends neuer Technologien Potenziale neuer Geschäftsfelder für KMUs zu ermittelt.

ABB. 29: Hype Cycle Gartner 2018

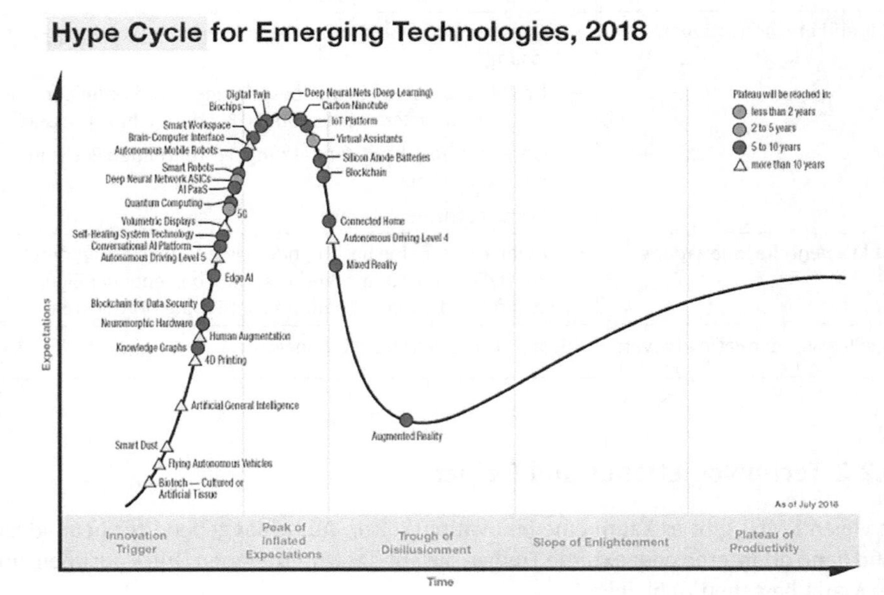

Quelle: gartner.com

Das Unternehmen Gartner aus den USA beschäftigt sich mit Ergebnissen aus der Marktforschung und erstellt Analysen über die Entwicklungen in der IT. In obigem Zyklus wird dargestellt, welche Phasen der öffentlichen Aufmerksamkeit eine neue Technologie bei der Einführung durchläuft. Technologieberater und Innovationsberater nutzen den Hype Cycle zur Bewertung innovativer Technologien. Der Hype Cycle wird jährlich aktualisiert.

Auch deutsche Unternehmen sind im Vergleich zu anderen Ländern in der EU Vorreiter bei der Entwicklung von Innovationen. Hierzu gehören insbesondere:

- mechanische Elemente,
- Bauingenieurwesen,
- Maschinen- und Werkzeugbau,
- Transportwesen,
- Thermische Prozesse.

Gemäß des Jahresberichts 2017 vom Deutschen Patent- und Markenamt haben deutsche Unternehmen insgesamt 47.779 Patente mit einem Anteil von 70,6 % im Vergleich weiterer Anmelder aus anderen Ländern dort angemeldet. Deutschland steht im Vergleich bei den innovativsten Ländern gemäß des Global Innovation Index 2017 auf dem neunten Platz.

5.2.3 Innovationshemmnisse überwinden

Verschiedene Studien z. B. von der KFW oder dem BVDW haben untersucht, was Unternehmen daran hindert, Ideen zu entwickeln und umzusetzen. Zu den relevanten Hemmnissen gehören:

- fehlende Zeit,
- fehlendes Budget und Finanzierungsquellen,
- mangelnde Förderung durch die Führungsebene,
- Unsicherheit über wirtschaftlichen Erfolg,
- fehlendes Fachpersonal,
- fehlende Innovationskultur.

Eine Intension von öffentlichen Fördermitteln ist auch die Überwindung von Innovationshemmnissen. Durch die Bereitstellung und Chancen auf Bewilligung öffentlicher Zuschüssen wird dem Unternehmen Liquidität zugeführt. So können Innovationsquellen finanziert und erschlossen werden. Hierzu gehören beispielsweise:

- Erstellung einer Innovationsstrategie,
- Einführen eines Innovationsmanagements inklusive Kreativitätsförderung,

- Förderung einer Innovations- und Fehlerkultur,
- Förderung des Dialogs mit Kunden (Crowdsourcing),
- Wettbewerbsbeobachtung und Marktanalysen,
- Kundenbefragungen zur Ermittlung des Kundenbedarfs und Kundennutzen,
- Zusammenarbeit mit Hochschulen, Kooperationspartnern, Forschungseinrichtungen.

Die Entwicklung und Umsetzung von Maßnahmen zur Erschließung dieser Innovationsquellen kann mit Unterstützung eines Fördermittelberaters, der sich auf Innovationsberatung spezialisiert hat, erfolgen und das Honorar gefördert werden. Weitere Informationen folgenden in Kapitel 8.

5.2.4 Definition von Innovation aus der Perspektive der Fördermittelgeber

Innovationen sowie die Digitalisierung sind Wachstumstreiber und sollen die Wettbewerbsfähigkeit von Unternehmen, Regionen und Deutschland fördern und sichern. Aufgrund der Inanspruchnahme öffentlicher Mittel sollen die Risiken, welche ein innovatives Vorhaben mit sich bringen kann, minimiert werden (s. Innovationshemmnisse).

ABB. 30: Einfluss des Innovationsgrades auf Zuschusshöhe

MERKE

Je höher der Innovationsgrad des Vorhabens ist, desto größer ist auch das Risiko, dieses umzusetzen. Um Unternehmen zu motivieren, sollen damit einhergehende Chancen auf höhere Zuschüsse diese Risiken minimiert werden.

Wann es sich jedoch um eine Innovation handelt, wird je nach Richtlinie unterschiedlich bewertet. Hier lohnt der konkrete Blick in die jeweiligen Richtlinien.

Anhand der nachfolgenden Checkliste kann eine erste Überprüfung der Anforderungen an den Innovationsgrad des jeweiligen Förderprogrammes erfolgen:

Checkliste 15:	Anforderungen an den Innovationsgrad						
Anforderungen	**Bemerkungen**		**Relevanz**				
			++	**+**	**0**	**-**	**--**
Innovationsgegen-stand	Produktinnovation Prozess- oder Verfahrensinnovation Geschäftsmodell- oder Konzeptinnovation Organisatorische Innovation Soziale Innovation Umwelt- und Nachhaltigkeitsinnovation						
Innovationsgrad	Radikale Innovation Signifikante Innovation Inkrementelle Innovation						
Geltungsbereich – innovativ für	Unternehmen Branche Markt Bundesland Deutschland Weltneuheit						
Entwicklungsarbeit um wissenschaft-licher Ansatz	Zusammenarbeit mit Unternehmen (auch nicht KMU)	Größe des Unternehmen (auch große) Sitz (Land, Deutschland, EU)					
	Private Forschungsein-richtung	Sitz der Forschungsein-richtung					
	Öffentliche Forschungs-einrichtung	Sitz der Forschungsein-richtung Hochschule Universität					
Risiko	Technisch Wissenschaftlich Finanziell Industriell						
Bewertung Gesamtergebnis							
Notizen							

MERKE

Bisher wurden keine einheitlichen Kriterien zur Messung des Innovationsgrades für öffentliche Förderprogramme festgelegt. In der Regel wird in den Richtlinien jedoch ein Konzept zur Erfolgskontrolle für das geförderte Vorhaben gefordert. Um ein solches Konzept zu erstellen, sind Kennzahlen sowie Analyse und Bewertungsmethoden wichtige Instrument zur Messung von Erfolgen.

HINWEIS

Die Ergebnisse der Fördermittelberatung sollten abschließend in einem Abschlussbericht dokumentiert werden. Hierbei kann sich an den Anforderungen an Abschlussberichte an den Richtlinien für Beratungskostenzuschüssen, insbesondere der BAFA orientiert werden. Weitere Informationen hierzu in Kapitel 8.

6. Die Beantragung in der Praxis anhand des Zentralen Innovationsprogramms Mittelstand (ZIM)

Das Förderprogramm ZIM ist ein praktikables und überschaubares Förderprogramm zur Beantragung von Zuschüssen für innovative Vorhaben. Marktpotenzial ist ausreichend vorhanden. Gemäß des Instituts für Mittelstandsforschung haben die KMU ihre Aufwendungen für F&E (Forschung und Entwicklung) ausgeweitet und investieren bereits 6,5 Mio. € pro Jahr. Die gute Konjunktur und Auftragsauslastung bremsen das Innovieren in den Unternehmen aus. Die Politik setzt jedoch alles daran, hier mit entsprechenden Maßnahmen die KMUs vermehrt zum Innovieren zu motivieren. Das Förderprogramm ZIM setzt konkret an, dass Innovationshemmnisse, wie z. B. die hohen Entwicklungskosten, das Risiko eines wirtschaftlichen Erfolges und der Mangel an Finanzierungsquellen überwunden werden.

PRAXISTIPP

Vorteile von innovativen KMUs:

Potenzielle KMUs sollten darauf hingewiesen werden, warum es sich lohnt innovativ zu sein. Im Rahmen der Preisverleihung „TOP 100" bei Ranga Yogeshwar werden die 100 innovativsten Unternehmen ausgezeichnet und deren Wirtschaftsdaten vorgestellt. Hierbei wurden folgende Fakten festgestellt:

- Innovative Unternehmen zählen zu den Trendsettern ihrer Branche.
- Von den ausgezeichneten innovativsten Unternehmen sind 97 nationale Marktführer und 32 Weltmarktführer.
- Im Durchschnitt erzielten sie zuletzt 40 % ihres Umsatzes mit Marktneuheiten und Produktverbesserungen, die sie vor der Konkurrenz auf den Markt brachten.
- Ihr Umsatzwachstum lag dabei um 28 % über dem jeweiligen Branchendurchschnitt.

MERKE

Auch wenn es sich nicht um ein Unternehmen unter den Top 100 gehört, belegen diese Zahlen, dass sich Innovationen unabhängig von der Unternehmensgröße lohnen werden.

Der Ablauf einer Fördermittelberatung vom ersten Kundengespräch bis zur Einreichung des Antrages kann wie folgt vorgenommen werden:

6.1 Erstgespräch mit dem Kunden

Im ersten Telefonat mit dem Unternehmer des KMU kann der Fördermittelberater bereits die ersten Eckdaten zur Ermittlung des Beratungsbedarfs aufnehmen. Zunächst ist festzustellen, was der Unternehmer konkret plant, welche Innovationsidee er umsetzen möchte und ob hierzu weitere Partner hinzugezogen werden sollen. Ob es sich bei seiner Idee tatsächlich um eine Innovation handelt, sollte der Berater im ersten Gespräch noch nicht bewerten.

PRAXISTIPP

Der Fördermittelberater sollte den Unternehmer bitten, vorab eine kurze Vorhabenbeschreibung einzureichen (s. Checkliste 16).

Checkliste 16:	Vorhabenbeschreibung ZIM
Planen Sie ein Forschungs- und Entwicklungsprojekt, bei welchem Sie einen erheblichen Anteil der Entwicklungsarbeiten leisten?	☐ Ja ☐ Nein
Handelt es sich um ein KMU?	☐ ja ☐ nein
Wird das FuE Projekt in Deutschland durchgeführt?	☐ ja ☐ alleine ☐ mit Partnern ☐ nein
Werden Kooperationspartner oder Forschungspartner voraussichtlich beteiligt sein?	☐ ja ☐ EU ☐ andere ☐ nein
Wäre das Projekt nur mit einem deutlichen Zeitverzug realisierbar und ist mit einem erheblichen technischen Risiko verbunden?	☐ ja ☐ nein
Wurde bereits ein Patent angemeldet?	☐ Ja ☐ Nein
Zielt das FuE-Projekt auf neue Produkte, Verfahren oder technische Dienstleistungen ab, die die bisherigen Erzeugnisse des Unternehmens deutlich übertreffen und sich am internationalen Stand der Technik orientieren?	☐ Ja ☐ Nein
Haben Sie bereits eine Patentrecherche vorgenommen?	☐ Ja ☐ Nein
Werden Arbeitsplätze in Deutschland geschaffen oder gesichert?	☐ Ja ☐ Nein
Findet die Verwertung der Innovation in Deutschland statt?	☐ Ja ☐ Nein

Um welche Technologie handelt es sich?	☐ Bautechnologie ☐ Biotechnologie ☐ Dienstleistungen ☐ Elektro-, Mess-Sensorik ☐ Engergietechn. ☐ Fahrzeug, Verkehr ☐ Gesundheit und Medizin ☐ IuK ☐ Luftfahrt ☐ Maritimetechnik ☐ Nanotechnologie ☐ Optimische Techn ☐ Pflanzen ☐ Produktion ☐ Raumfahrt ☐ Sicherheit ☐ Textil ☐ Umwelt ☐ Werkstoff ☐ andere Technologie
Haben Sie bereits Erfahrung mit FuE Projekten?	☐ Ja mit Fördermitteln ☐ Ja ☐ Nein ☐ nein
Beschreiben Sie bitte in 5 bis 10 Sätzen: Was Sie konkret entwickeln möchten. Wo Sie den Mehrwert gegenüber bestehenden Technologien sehen.	

Anschließend kann der Fördermittelberater in einem ersten Telefonat mit dem Projektträger klären ob die Innovationsidee grundsätzlich im Programm ZIM förderbar ist.

HINWEIS

Eine weitere Hilfestellung zur grundsätzlichen Förderbarkeit bieten die veröffentlichten Praxisfälle auf der Internetseite von ZIM. Es empfiehlt sich, sich bereits als Vorbereitung zur Fördermittelberatung für Innovationen mit den Praxisfällen und Technologiefeldern zu beschäftigen bzw. sich hier Know-how anzueignen. Andernfalls sollte ein Innovationsberater hinzugezogen werden. So kann von Beginn an ausgeschlossen werden, eine Fördermittelberatung anzubieten, die keine Aussicht auf Erfolg hat. Die Qualifizierung als Innovationsberater kann anhand von Autorisierungen für öffentliche Förderprograme ermittelt werden. Hierzu gehört beispielsweise das Förderprogramm des Bundes go-inno. Anhand der Beraterliste kann ein geeigneter Innovationsberater recherchiert werden.

DOWNLOAD

Entsprechende qualifizierte Innovationsberater können hier gefunden werden:
https://www.innovation-beratung-foerderung.de/SiteGlobals/INNO/Forms/Suche/Beratersuche_Formular_go-Inno.html

6.2 Angebot und Vertrag erstellen

6.2.1 Prüfung, ob Förderprogramme für Beratungskostenzuschüsse genutzt werden können

Nach der Prüfung der eingereichten Vorhabensbeschreibung sollte der Fördermittelberater feststellen, um welche Art der Beratung es sich handelt und ob im Rahmen des Beratungsbedarfs eine Innovationsberatung vorliegt. Anschließend können hier passende Förderprogramme für Beratungskostenzuschüsse genutzt werden Wichtig hierbei ist, dass zunächst der Antrag beim Projektträger gestellt wird und nach dessen Vorgaben bzw. Konditionen der Beratungsvertrag abgeschlossen wird.

Wie bereits in Kapitel 2.2 aufgeführt gibt es unterschiedliche Honorarmodelle:

- Berechnung eines Erfolgshonorars (es wird eine Provision von den bewilligten Zuschüssen vereinbart),
- Berechnung eines Tageshonorars oder
- Kombination von Tages- und Erfolgshonoraren.

VORSICHT

Einige Richtlinien für öffentliche Beratungskostenzuschüsse schließen ein Erfolgshonorar explizit aus. Ähnlich verhält es sich auch mit Reisekosten, die ggf. außerhalb einer Förderung vereinbart werden können.

6.2.2 Beratungsinhalte festlegen und Vertrag unterschreiben

Unter der Annahme, dass der Fördermittelberater das Vorhaben dem zuständigen Projektträger für ZIM vorgestellt hat und eine grundsätzliche Förderbarkeit bestätigt wurde, werden jetzt die Beratungsinhalte festgelegt. Ein qualifizierter Fördermittelberater, der sich bereits mit der ZIM-Richtlinie beschäftigt hat, weiß, welche Beratungsthemen erarbeitet werden müssen. Das Ergebnis dieser Beratung sollte den Anforderungen der Inhalte des Antrages, mindestens aber einer Projektskizze, gerecht zu werden.

Die Beratungsinhalte gehen über die in Kapitel 2 definierte Fördermittelberatung hinaus. In diesem Fall ist die Fördermittelberatung in die Innovationsberatung integriert. Beratungsinhalte können sein:

- Potenzialanalyse (finanzielle und personelle Ressourcen, Kernkompetenzen, Schwächen und Stärken),

- Patentrecherche und -analyse (Technologiebewertung, Innovationsgrad, Abgrenzung zur vorhandenen Technologien),
- Recherche nach Kooperationspartnern und Forschungspartnern sowie Vereinbarung von Kooperationen,
- Kostenplanung (Entstehungs- F&E-Kosten, Planung Arbeitspakete),
- Rentabilitätsberechnung (Preiskalkulation, Umsatzplanung, Investitionsplanung),
- Fördermittelanalyse, Finanzkonzept, Begleitung zu den Verhandlungsgesprächen,
- Machbarkeitsanalyse (Marktpotenzial, Kundenbedarf, Kundennutzen, Vorteile, Mehrwerte, Abgrenzung zu Mitbewerbern),
- Vermarktungskonzepte.

DOWNLOAD

Die Richtlinie und alle relevanten Unterlagen zum Förderprogramm ZIM können kostenfrei heruntergeladen werden unter:
https://www.ausbildung-foerdermittelberater.de/download
Code: NWB2018FMB1

PRAXISTIPP

Sobald der Beratungsvertrag vom Unternehmer unterschrieben ist, kann der Fördermittelberater bzw. Innovationsberater mit der Beratung starten und gegebenenfalls die erste Abschlagszahlung berechnen. Erfahrungsgemäß wird der Unternehmer die Vorleistung des Beraters mit sofortiger Überweisung honorieren.

6.3 Beratungsprozess durchführen

Jetzt kann mit der Beratung und den vereinbarten Beratungsschritten gestartet werden. Nach einer Fördermittelanalyse zeigt der Fördermittelberater dem Unternehmer auf, welche Programme relevant sind und wo die Vorteile bzw. Nachteile sind, insbesondere die Fördersätze und das Antragsverfahren.

HINWEIS

Es ist wichtig, dass der Unternehmer sofort mit in die Verantwortung genommen wird. Der Fördermittelberater sollte erläutern, wie er vorgeht und wer welche Aufgaben zu erledigen hat. Er sollte den Unternehmer mit Checklisten und Hilfestellungen entsprechend anleiten, z. B. bei der Vorbereitung von Informationen zu Mitbewerbern oder zur Patentsituation.

6.3.1 Prüfung Antragsberechtigung ZIM

Antragsberechtigt sind kleine und mittlere Unternehmen (KMU) mit Sitz in Deutschland (s. Kapitel 1.3.1 KMU-Definition der Europäischen Union). Wichtig ist, dass die Gründung bereits abgeschlossen ist und der Eigenanteil am Projekt aufgebracht werden kann. Antragsberechtigt für Kooperationsprojekte sind auch nicht wirtschaftliche tätige deutsche Forschungseinrichtungen, sofern in einem Kooperationsprojekt mindestens ein KMU Antragssteller ist. Auch Kooperationsnetzwerke mit mindestens sechs Unternehmen können einen Antrag stellen.

Sofern ein ausländisches Unternehmen bis zu 100 % der Gesellschaftsanteile eines KMU mit Sitz in Deutschland hält, liegt eine Antragsberechtigung vor. Wichtig ist, dass insgesamt die Grenzen der KMU-Kriterien eingehalten werden. Bei Kooperationsprojekten können auch Partner aus dem Ausland beteiligt werden. Eine Förderung gibt es hier jedoch nicht für den ausländischen Partner. Es wird empfohlen, im Einzelfall mit dem Projektträger Rücksprache zu nehmen.

6.3.2 Förderkonditionen

Von den zu ermittelten zuwendungsfähigen Kosten können grundsätzlich folgende Fördersätze als Zuschuss beantragt werden:

ABB. 31: Förderquoten ZIM

Art des Unternehmes	Einzelprojekt	Kooperationsprojekt	internationale Kooperation
< 50 MA, neue BL	45 %	50 %	55 %
< 50 MA, alte BL	40 %	45 %	55 %
≥ 50 MA und < 250 MA	35 %	40 %	50 %
≥ 50 MA und < 500 MA	25 %	30 %	40 %

Pro antragstellenden KMU sind bis zu 380.000 € zuwendungsfähig, für eine Forschungseinrichtung max. 190.000 €. Bei Kooperationsprojekten ist die Zuwendungshöhe auf max. 2 Mio. € begrenzt.

6.3.3 Förderfähige Kosten

Die Förderung wird als Zuschuss gewährt und muss daher nicht vom Antragssteller zurückgezahlt werden.

Gefördert werden die Personalkosten in Höhe des Bruttogehalts der am Projekt mitarbeitenden qualifizierten Mitarbeiter im Monat der Antragsstellung. Sofern auch Geschäftsführer am Projekt tätig werden, ist hierbei das Gehalt eines vergleichbaren leitenden Mitarbeiters im Projekt anzusetzen. Das Jahresbruttogehalt ist auf max. 100.000 € pro Person zuwendungsfähig.

Besonderheiten gibt es bei den Kosten für Aufträge an Dritte. Kalkuliert werden die Personenmonate, die in den Arbeitspaketen für die gesamte Projektlaufzeit der Entwicklung geplant wurden. Sobald die vollständigen Personalkosten ermittelt wurden, kann für die übrigen Kosten, wie z. B. Materialkosten, Reisekosten oder sonstige Allgemeinkosten ein pauschaler Zuschlag von 100 % vorgenommen werden.

PRAXIS- UND DOWNLOADTIPP

- Der Fördermittelberater sollte sich zur Vorbereitung der Ermittlung der Personal- bzw. Entwicklungskosten vom Unternehmer zunächst die Mitarbeiterprofile inklusive Gehaltsinformationen erstellen lassen. Anschließend können die Arbeitspakete geplant werden.
- Es ist darauf zu achten, dass der Personaleinsatz schlüssig ist, so dass der reguläre Geschäftsbetrieb fortgeführt werden kann.

- Hinweise für die Kalkulation der zuwendungsfähigen Kosten sowie Checklisten zur Mitarbeiterplanung und Planung der Arbeitspakete können hier runtergeladen werden:
  https://www.ausbildung-foerdermittelberater.de/download
  Code: NWB2018FMB1

6.3.4 Leistungen zur Markteinführung

Der Fördermittelberater sollte den Unternehmer frühzeitig darauf hinweisen, dass auch Leistungen zur Markteiführung bis max. sechs Monate nach Ablauf des Bewilligungszeitraumes für das F&E-Projekt beantragt werden können. Die zuwendungsfähigen Kosten betragen höchstens 50.000 €, so dass bei einem Fördersatz von 50 % ein max. Zuschuss von 25.000 € beantragt werden kann. Leistungen können z. B. sein:

- Beratung zur Markteinführung,
- Beratung zur Qualitätssicherung,
- Technologie- und Innovationsberatung hinsichtlich der Marktüberwachung und Markteinführung,
- Patentanmeldungen,
- Kostenpflichtige Recherchen in Datenbanken.

6.4 Antrag vorbereiten

6.4.1 Projektskizze zur Vorabprüfung der Förderfähigkeit

Im Rahmen der Erstellung und Einreichung einer Projektskizze besteht die Möglichkeit, die Förderfähigkeit des Projektes zunächst beim Projektträger prüfen zu lassen. Im Rahmen dieser Projektskizze sind folgende Inhalte zu erarbeiten:

- Eckdaten zur Prüfung der Einhaltung der KMU-Richtlinien,
- Technologiegebiet,
- Projektziel und Abgrenzung zum Stand der Technik,
- Kurze Darstellung des Vermarktungspotenzials und des Vermarktungskonzeptes,
- Darstellung des Antragsstellers und seiner Entwicklung im Abriss seiner Unternehmensgeschichte.

HINWEIS

Sofern geplant ist, den Innovationsgutschein für eine Innovationsberatung in Anspruch zu nehmen, kann dies parallel zur Einreichung einer Projektskizze erfolgen, ohne dass hier eine Doppelförderung vorliegt. Im Rahmen dieser Innovationsberatung können dann die Prüfung des Stands der Technik vorgenommen, die Arbeitspakete geplant, Kooperationen vorbereitet und auch das Finanzkonzept erstellt werden.

VORSICHT

Die Innovationsberatung über go-inno muss erst abgeschlossen sein, bevor ein Antrag auf ZIM beim Projektträger eingereicht wird. Die Bewertung als Doppelförderung bzgl. eines parallel in Anspruch genommenen Innovationsgutscheines ist nicht explizit in der ZIM-Richtlinie oder bei go-inno geregelt. Vielmehr gibt es laut Auskunft des Projektträgers eine interne Verwaltungsanweisung.

PRAXISTIPP

Der Fördermittelberater sollte den Unternehmer unbedingt darauf hinweisen, dass vor Antragsstellung noch nicht mit dem Vorhaben gestartet werden darf. Der Antrag kann aber vorab per Fax beim Projektträger eingereicht werden. Erfahrungsgemäß erfolgt die Eingangsbestätigung zum vorzeitigen Maßnahmenbeginn innerhalb kurzer Zeit bzw. ein bis zwei Tagen. Dann hat der Unternehmer die Möglichkeit mit seinem Vorhaben auf eigenes Risiko zu starten, d.h. mit der Ungewissheit, ob der Antrag bewilligt wird oder nicht.

6.4.2 Der ZIM-Antrag

Der Antrag auf ZIM-Fördermittel umfasst mindestens 22 Seiten zusätzlich weiterer Anlagen. Um den Anforderungen der zu erarbeitenden Inhalte gerecht zu werden und die Chance zur Bewilligung eines Antrages zu erhöhen, ist es wichtig, die Ziele des Förderprogramms zu verstehen. Mit nachfolgender Checkliste kann eine erste Bewertung zur Zielerreichung vorgenommen werden.

Checkliste 17:	Bewertung Zielerreichung ZIM					
Ziele	**Bemerkungen**	**Relevanz**				
		++	**+**	**0**	**-**	**--**
Stärkung der Innovationskraft und Wettbewerbsfähigkeit mittelständischer Unternehmen						
Schaffung und Sicherung von Arbeitsplätzen						
Minderung von technischen und wirtschaftlichen Risiken der F&E						
Motivierung zur marktorientierten Entwicklung technologischer Innovationen						
Zusammenarbeit von KMU und Forschungseinrichtungen sowie KMU-Kooperationen						
Verbesserung des Innovations-, Kooperations-, und Netzwerkmanagements						
F&E-Ergebnisse schnell in marktwirksame Innovationen umsetzen						
Bewertung Gesamtergebnis						
Notizen						

Eine erfolgreiche durchgeführte Innovationsberatung und Zusammenarbeit von Berater und Unternehmer werden als Ergebnisse diese Ziele widerspiegeln. So können die erarbeitenden Ergebnisse in den Antrag übernommen werden.

HINWEIS

Hieraus lässt sich beispielsweise das Ziel ableiten, die Innovation schnell in den Markt zu bringen. Um dies zu belegen, sind Absichtserklärungen von potenziellen Kunden sehr wertvoll. Die Absichtserklärungen könnten folgenden Inhalt haben:

- Kontaktdaten Kunde,
- grundsätzliche Absicht zur Auftragserteilung,
- Innovation/Produkt,
- voraussichtliche Menge und Preis,
- Lieferzeitraum.

Die Absichtserklärung ist dem Antrag beizufügen. Analog ist bei den weiteren Zielstellungen und den Ausarbeitungen der Anlagen des Antrages zu verfahren.

Die Bewilligung eines Antrages darf gemäß Richtlinie max. zwei Wochen in Anspruch nehmen. Spätestens drei Monate nach Bewilligung ist der erste Verwendungsnachweis zum Abruf der bewilligten Mittel zu erbringen. Anträge für Einzelprojekte sind der Euro-Norm GmbH und für F&E-Kooperationsprojekte bei der AiF Projekt GmbH, jeweils Berlin, einzureichen.

MERKE

Das Förderprogramm ZIM bietet im Vergleich zu anderen Förderprogrammen den KMUs einige Vorteile, hierzu gehören:

- Es gibt keine festen Termine zur Antragsstellung. Anträge können jederzeit eingereicht werden.
- Der vorzeitige Maßnahmenbeginn ermöglicht den KMUs einen schnellen Projektstart.
- Eine schnelle Entscheidung bis max. zwei Wochen hat der Projektträger gemäß Richtlinie zu treffen.
- Der administrative Aufwand ist relativ gering, da für die Allgemeinkosten eine Pauschale von 100 % auf die Personalkosten angesetzt werden können. Im Verwendungsnachweis sind keine einzelnen Belege für die Allgemeinkosten einzureichen.
- Es handelt sich um ein technologieoffenes Förderprogramm.
- Für die einzelnen Technologiefelder können die Technologen direkt kontaktiert werden.

7. Abruf von öffentlichen Zuschüssen

Öffentliche Fördermittel werden in der Regel mit einem Verwendungsnachweis abgerufen. Je nach Förderprogramm kann es für den Abruf feste Termine geben. In dem Verwendungsnachweis sind die jeweiligen zuwendungsfähigen Kosten aufzuführen. In der Regel sind mit dem Verwendungsnachweis weitere Dokumente einzureichen. Hierzu können gehören:

- originale Kontoauszüge,
- originale Rechnungen,
- Gehaltsabrechnungen,
- Kooperationsverträge,
- Dokumentationen über die Ergebnisse (z. B. Zwischenberichte, Abschlussbericht, Erfolgskonzepte, Vermarktungskonzepte, Sachberichte, Analysen usw.).

Der Verwendungsnachweis ist vom Unternehmen zu unterschreiben. Je nach Förderprogramm erfolgt eine Einreichung unterschiedlich z. B. über ein Onlineportal des Projektträgers oder auf dem Postweg. In welcher Form der Verwendungsnachweis zu erstellen und einzureichen ist, kann der jeweiligen Richtlinie entnommen werden. Formularmuster werden in der Regel von den einzelnen Projektträgern bereitgestellt.

8. Beratungskostenzuschüsse

Beratungskostenzuschüsse haben das Ziel, KMUs zu motivieren, Expertenwissen zu nutzen. Das Beratungshonorar der Berater kann dann bis zu einer bestimmten Bemessungsgrenze und Förderquote mit Zuschüssen finanziert werden. Die Inanspruchnahme von externem Know-how soll die Unternehmen unterstützen, wettbewerbsfähig zu bleiben und den Wirtschaftsstandort Deutschland zu sichern. Die Zuschüsse werden aus Landesmitteln, Bundesmitteln und der EU finanziert. Insofern sind in den jeweiligen Richtlinien die Ziele der einzelnen Geldgeber entsprechend umzusetzen. Mit diesen Zuschüssen werden gefördert:

- bestimmte Zielgruppen (z. B. KMUs, kleinste Unternehmen, Existenzgründer, Studenten, ...).
- konkrete Themen (z. B. Innovation, Existenzgründung, Digitalisierung, Personalführung, Erschließung neuer Märkte, Fachkräftesicherung, Unternehmensnachfolge usw.).

Für gleiche Zielgruppen oder Beratungsthemen können oft Länder- oder Bundesprogramme, bis auf die Ausnahme der Existenzgründungsberatung, genutzt werden. Öffentliche Zuschüsse für Gründungsberatungen liegen in der Regel in der Zuständigkeit der jeweiligen Bundesländer. Berechnungsgrundlage der Zuschüsse sind die Bemessungsgrenzen. Hierbei wird meistens ausschließlich das Honorar berücksichtigt, Nebenkosten und Reisekosten können oft nicht einkalkuliert werden. Die Abrechnung erfolgt dann in Beratertagen. Ein Beratertag umfasst acht Stunden. Einige Förderprogramme haben die Auflage, die Beratungszeit und Beratungsthemen im Verwendungsnachweis durch die Unterschrift des Unternehmers bestätigen zu lassen. Die abrechenbaren Tätigkeiten der einzelnen Förderprogramme können unterschiedlich sein. Teilweise werden auch administrative Tätigkeiten als Beratungszeit angesetzt oder Vor- und Nachbereitung sind inklusive. Auch die Höhe des abrechenbaren Tagessatzes kann in einzelnen Programmen limitiert sein.

PRAXISTIPP

Anhand vom Beratungsbedarf ist jeweils individuell zu prüfen, welches Förderprogramm passt und der Interessenslage aller Beteiligten gerecht wird. Hierzu gehören:

TAB. 16:	Interessen der Beteiligten
Interessen Berater	**Interessen Unternehmer**
Höhe des geförderten Honorars entspricht den Vorstellungen (maximale Honorarhöhe)	Geringe Kosten aufgrund hoher Zuschüsse (maximale Förderquote, Bemessungsbetrag, Beratertage)
Beratungsthemen und Ergebnisse sind innerhalb der vorgegebenen Beratertage zu leisten (maximale Anzahl an Beratertagen)	Beratungsbedarf wird im Rahmen des Förderprogramms gedeckt
Möglichst wenig Administration	Möglichst wenig Administration
Möglichst geringes Risiko (z. B. Abhängigkeit Zuarbeit vom Kunden, Abrechnung erst nach Abschluss der Beratung z. B. Innovationsgutschein)	Möglichst kein Risiko (z. B. hohe Bewilligungsquote, wenig bis keine Vorkasse)

8.1 Beratungsmethoden und Werkzeuge

Voraussetzung einer ergebnisorientieren Unternehmensberatung ist der Einsatz von gängigen Beratungsmethoden. Die Auswahl der Methode orientiert sich an den Anforderungen des Unternehmens, des vereinbarten Beratungsumfanges und den Beratungsthemen. Es macht sicherlich keinen Sinn eine zeitintensive Kreativitätstechnik (z. B. TRIZ) in einem kleinen KMU mit begrenzten zeitlichen und finanziellen Ressourcen einzusetzen. Bei der Vielzahl von Beratungsmethoden soll nachfolgende Tabelle einen ersten Überblick geben:

TAB. 17:	Beispiele Beratungsmethoden
Art	**Methode - Beispiele**
Planungs- und Analysemethoden	Kriterienkatalog Nutzenwertanalyse Roadmapping Szenariotechnik Scoring-Modelle SWOT-Analyse Key Performance Indicators (KPI – Kennzahlen) EKS-Methode (Engpasskonzentrierte Strategie) ABC-Analse Canvas
Kreativitätstechniken	Ideenmanagement Mind-Mapping Morphologischer Kasten Osborn-Checkliste Design Thinking Innovations- und Wissensmanagement

PRAXISTIPP

Hier trennt sich die Spreu vom Weizen. Ein professioneller Unternehmensberater kann bereits im Erstgespräch mit seiner Beratungskompetenz punkten. Im Angebot sollten gezielt die Beratungsmethoden sowie der jeweilige Anwendungsbereich nach Beratungsbedarf aufgeführt werden. Einige öffentliche Förderprogramme verlangen diese auch im Abschlussbericht zu dokumentieren.

8.2 Mögliche Beratungsfelder

ABB. 32: Beratungsfelder

Einige Beratungsfelder sind in verschiedenen Förderproammen für Beratungskostenzuschüsse förderbar. Für ein Finanzkonzept inklusive Fördermittelberatung können in nachfolgenden Beratungsprojekten beispielsweise Zuschüsse beantragt werden.

TAB. 18: Beispiele Förderung Beratungsthemen		
Förderprogramm	**Beratungsart**	**Beispiele Beratungsthemen**
Länderprogramm Existenzgründungen	Gründungsberatungen	Entwicklung Geschäftskonzept Marktanalyse **Finanzkonzept inkl. Fördermittelberatung**
BAFA-Beratung Allgemein	Geschäftserweiterung	Investitionsplanung Analyse Angebote Marktanalyse **Finanzkonzept inkl. Fördermittelberatung**
Go-inno Beratung	Innovationsberatung	Potenzialanalyse Kostenplanung Machbarkeitsanalyse **Fördermittelanalyse** **Finanzkonzept**

MERKE

Fördermittelrecherchen und Fördermittelberatungen können in der Regel nur gefördert werden, wenn diese als Teilberatung in einer konzeptionellen Beratung eingebunden sind. In diesem Fall ist dann grundsätzlich eine Förderung über verschiedene Förderprogramme für Beratungskostenzuschüsse möglich.

HINWEIS

Den Richtlinien der einzelnen Förderprogramme für Beratungskostenzuschüsse können die Beratungsthemen entnommen werden. Verschiedene Projektträger bieten zusätzlich entsprechende Merkblätter an. Diese können auch als Hilfestellung zur Ermittlung des Beratungsbedarf herangezogen werden.

8.3 Nicht förderbare Beratungen

In einigen Fällen und für bestimmte Themen sind geförderte Beratungen ausgeschlossen. Insbesondere wenn die gleiche Beratung über verschiedene Förderprogramme abgerechnet werden sollen. Hierbei würde es sich dann um eine Doppelförderung handeln, die verboten ist und unter Subventionsbetrug fällt. Folgende Beratungen werden in der Regel nicht gefördert:

- Beratungen, die überwiegend Rechts- und Versicherungsfragen beinhalten.
- Steuerberatende Tätigkeiten wie z. B. die Ausarbeitung von Verträgen, Aufstellung von Jahresabschlüssen oder Buchführungsarbeiten.
- Gutachterliche Stellungnahmen.
- Beratungen, die ethisch-moralisch nicht vertretbar sind.
- Beratungen, die gegen geltende Gesetze verstoßen.
- Beratungen, die gegen die Neutralität des Beraters verstoßen.
- Beratungen für Unternehmen, die bereits insolvent sind.

Es wird differenziert zwischen Unternehmen in Schwierigkeiten, die in einzelnen Förderprogrammen gefördert werden und insolventen Unternehmen. Wobei die Definitionen „wirtschaftliche Schwierigkeiten" sowie erforderliche einzureichenden Nachweise diesbezüglich in den einzelnen Richtlinien variieren (z. B. BAFA, uWM).

HINWEIS

In einem konzeptionellen Beratungsprojekt können die Gestaltung von Vertragskonstellationen oder im Falle der Ermittlung der Risikovorsorge auch die Prüfung des Versicherungsschutz Inhalt der Beratung und grundsätzlich förderbar sein. Weiterhin dürfen im Zuge der Organisationberatung auch die Prozesse der Buchhaltung eines Unternehmens geprüft und optimiert werden.

MERKE

Wiederkehrende Dienstleistungen und Tätigkeiten z. B. Erstellung der Buchhaltung oder Durchführen vom Controlling, sind in den meisten Fällen nicht förderbar. Das Ausfüllen eines Förderantrages stellt im Sinne der förderfähigen Kosten keine Beratungsleistung dar und ist in der Regel ebenso wenig förderbar. Auf Dauer angelegte Beratungen werden in der Regel von einer Förderung ausgeschlossen.

Ein Fördermittelberater schreibt keine Fördermittelanträge oder füllt diese aus. Ein Fördermittelberater erarbeitet methodisch die Inhalte für Fördermittelanträge.

ABB. 33: Meistens nicht förderbar

Viele Förderprogramme können jährlich erneut mit dem gleichen Thema, aber neuen Inhalten wiederholt genutzt werden. Genauso verhält es sich, wenn die Richtlinien erneut aufgelegt werden wie z. B. bei der BAFA.

PRAXISBEISPIEL

Ein KMU hat bereits im Jahr 2017 eine Digitalisierungsberatung im Rahmen der hessischen Landesförderung von zehn Tagen in Flieden mit einem Zuschuss von 6.000 € über das RKW-Hessen beantragt und anschließend durchgeführt. Thema war die digitale Markterschließung. Im Projekt wurde ein Konzept für einen neuen Webauftritt erstellt, Struktur, Inhalte sowie ein Leitfaden zur weiteren Umsetzung erarbeitet. Im Jahr 2019 soll ein Onlinemarketingkonzept mit Social Media erstellt und umgesetzt werden. Geplant sind fünf Beratertage mit 3.000 € Zuschuss.

Checkliste 18: Praxisfall Digitalisierungsberatung Hessen

Anforderungen Richtlinie	**Beratung 2017**	**Bewertung**		**Beratung 2019**	**Bewertung**	
		förderbar	**Nein**		**förderbar**	**Nein**
Digitalisierungsberatung	Digitale Markterschließung	X		Digitale Markterschließung	X	
Beratungsthemen	Webauftritt Struktur, Inhalte Leitfaden	X		Onlinemarketingkonzept Social Media	X	
Pro Digi-Projekt max. zehn Tage	zehn Tage	X		fünf Tage	X	

Anforderungen Richtlinie	**Beratung 2017**	**Bewertung**		**Beratung 2019**	**Bewertung**	
		förder-bar	**Nein**		**förder-bar**	**Nein**
EFRE-Region	Flieden	X		Flieden	X	
Zuschuss max. 6.000 € pro Digi-Projekt, max. 50 %	6.000 €	X		3.000 €	X	
Zuschuss innerhalb von drei Jahren max. 13.000 €				Insgesamt 9.000 €	X	

DOWNLOAD

Weitere Informationen zur hessischen Beratungsförderung befinden sich unter nachfolgendem Link
https://www.rkw-hessen.de/beratungsfoerderung.html

8.4 Die Autorisierung für die Beratungsförderung

In der Regel können die Beratungskostenzuschüsse nur dann in Anspruch genommen werden, wenn der Berater oder das Beratungsunternehmen explizit für dieses Förderprogramm autorisiert ist. Je nach Art der Förderung unterscheiden sich auch die Anforderungen an die Autorisierung. Teilweise ist die Autorisierung vor Einreichung des Antrages zu beantragen, manchmal kann diese aber auch nur mit Einreichung eines Förderprojektes erlangt werden. Die Autorisierungen sind nicht vom Betriebssitz eines Beratungsunternehmens abhängig. In der Regel können sich beispielsweise Berater auch für Förderprogramme anderer Bundesländer autorisieren lassen.

Anhand der nachfolgenden Checkliste kann vorab geprüft werden, ob grundsätzlich eine Autorisierung für diese Förderprogramme möglich ist bzw. mit welchen weiteren Maßnahmen eine Autorisierung erreicht werden kann:

Checkliste 19: Allgemeine Anforderungen zur Autorisierung				
Anforderung Autorisierung	**Nachweis**	**Bewertung**		**Maßnahmen**
		Erfüllt	Nicht erfüllt	
Fachliche Eignung/ Beratungserfahrung	Lebenslauf, Qualifikationsnachweise z. B. Abschluss Studium, Arbeitszeugnisse, Projektnachweise, Fortbildungsnachweise, Referenzen zum jeweiligen Beratungsthema			
Tätigkeit als Berater	Nachweis der selbständigen Tätigkeit z. B. Bestätigung Finanzamt oder Gewerbeanmeldung, Handelsregisterauszug, z. B. mehr als 50 % Beratungstätigkeit, Firmenprofil			
nicht in Schwierigkeiten (wirtschaftliche und nicht straffällig)	BWAs, Jahresabschlüsse, Bilanzen, Auskunfteien, polizeiliches Führungszeugnis			
Qualitätssicherung	Führen eines Qualitätsmanagements z. B. ISO-Zertifizierung, Mitgliedschaften z. B. der KMU-Berater-Bundesverband freier Berater e.V., Beratungsgrundsätze, Beratungsphilosophie			

Zu den Aufgaben eines autorisierten Beraters gehört auch die Akquisition von Beratungsprojekten. Eine Autorisierung bleibt in vielen Fällen nur dann erhalten, wenn eine gewisse Anzahl an Beratungen pro Jahr innerhalb des jeweiligen Förderprogrammes erfolgt ist. In der Regel sind dies bis max. drei Beratungsprojekte jährlich. Kommt man diesem Anspruch nicht nach, wird der Eintrag in den entsprechend veröffentlichten Beraterportalen gelöscht.

PRAXISTIPP

Oft werden die Regelungen der Richtlinien hierbei großzügig ausgelegt und es besteht die Möglichkeit, mit Einreichung eines neuen Beratungsprojektes die Autorisierung wieder zu aktivieren. In Ausnahmesituationen können auch angebahnte Beratungsprojekte einen Fristablauf unterbrechen. Insbesondere wenn ausreichend Mittel den Projektträgern zur Verfügung stehen, hat man damit gute Chancen.

8.5 Relevante Beratungsprogramme

Nachfolgende Programme bieten einen ersten Überblick zur Förderung relevanter Beratungsthemen mit Beratungskostenzuschüssen.

8.5.1 Vorgründungsberatung

Die Zuständigkeit für Förderprogramme mit Zuschüssen für Existenzgründungen liegt bei den jeweiligen Bundesländern. Hierbei handelt es sich um sogenannte Vorgründungsberatungen. Das bedeutet, dass der Antrag auf einen Zuschuss in der Regel nicht nur vor Beratungsbeginn, sondern auch vor Aufnahme der selbständigen Tätigkeit erfolgen muss. In einigen Fällen können die Förderprogramme für Vorgründungsberatungen auch in Anspruch genommen werden, falls der Existenzgründer bereits nebenberuflich selbständig ist. Die genaue Definition der nebenberuflichen Tätigkeit sollte im Einzelfall mit dem Projektträger abgeklärt werden. Viele Förderprogramme für Existenzgründungsberatungen beinhalten auch eine Beratung zur Unternehmensübernahme.

MERKE

- Antragsteller ist ein noch nicht selbständiger Gründer.
- Auch Gründer, die nebenberuflich geringfügig selbständig tätig sind, können einen Antrag auf Gründungsberatung stellen.
- Der Antrag muss vor Beratungsbeginn gestellt werden.

Hier gibt es weitere Informationen zur Länderförderung von Existenzgründungsberatungen:

TAB. 19: Ansprechpartner Förderung Gründungsberatung

Ansprechpartner	Berufsgruppe	Beispiele
IHK (Industrie- und Handelskammer)	Gewerblich Tätige	Einzelhandel IT-Unternehmen Produzierendes Gewerbe Dienstleistungen Industrie Gastgewerbe

TAB. 19:	Ansprechpartner Förderung Gründungsberatung	
Ansprechpartner	Berufsgruppe	Beispiele
HWK (Handwerkskammer)	Handwerksbetriebe	Bauunternehmen Kraftfahrzeuggewerbe Friseur Bäcker
RKW-Landesorganisationen (Rationalisierungs- und Innovationszentrum der Deutschen Wirtschaft e.V.)	Freiberufler	Ingenieure Unternehmensberater Psychologen

Eine Gründungsberatung hat das Ziel, die Tragfähigkeit der Gründungsidee zu prüfen. Es soll festgestellt werden, ob die zu erwartenden Einnahmen ein positives betriebswirtschaftliches Ergebnis erreichen und ob der Existenzgründer mit dem Gewinn nach Steuern seine Lebenshaltungskosten tragen und seine Existenz gesichert ist.

Folgende Beratungsthemen können im Rahmen einer Gründungsberatung behandelt werden:

- Erstellung Businessplan,
- Prüfung ob Kompetenzen als Unternehmerpersönlichkeit vorliegen,
- Entwicklung Geschäftskonzept (Leistungsangebot und Konditionen),
- Definition der Zielgruppe,
- Marktanalyse (Marktpotenzial und Mitbewerber),
- Entwicklung Mehrwerte und Alleinstellungsmerkmal,
- Personalplanung,
- Investitionsplanung (Einholung und Analyse der Angebote),
- Finanzierungsplanung, Fördermittelrecherche, Fördermittelanalyse,
- Planungsrechnungen (Umsatzplanung, Kostenplanung, Rentabilitätsberechnungen, Best-Case, Worst-Case),
- Risikovorsorge (Wahl der Rechtsform, Analyse Versicherungsbedarf,
- Marketingmaßnahmen,
- Anforderungen an Buchhaltung und Rechnungswesen,
- usw.

8.5.1.1 Konditionen

Die Konditionen der Förderprogramme für Existenzgründungsberatungen variieren in den jeweiligen Bundesländern. Nachfolgende Tabelle zeigt beispielhaft auf, wie gravierend die individuellen Ziele der Bundesländer sich auf die jeweiligen Förderquoten auswirken.

TAB. 20: Beispiele Förderprogramme Gründungsberatung

Bundesland	**Bayern**	**Hessen**	**Thüringen**
Programm	Vorgründungs- und Nachfolgeberatung Bayern	Gründungsberatung Hessen	Gründungsberatung Thüringen
Wer	Gründer und Nachfolger	Gründer	Gründer und Nachfolger
Wo	Gründung oder Übernahme in Bayern	Gründung in Hessen	Gründung oder Übernahme in Thüringen
Was	Relevante Gründungs- und Nachfolger Themen	Businessplan, Marktanalyse, Prüfung Tragfähigkeit	Strategie u. Geschäftsidee, Unternehmensnachfolge u. Wachstum, Technologietransfer u. Technologieanwendungen, Digitalisierung, Materialeffizienz, usw.
Wie hoch	Max. zehn Tage, Max. 70 % v. Netto-Honorar	Max. fünf Tage, fixer Tagessatz netto pro Beratertag = 705 € (Berater erhält 555 € + RKW 150 €)	Mind. drei bis max. 20 Tage 70 % des Honoras, max. 500 € (RKW-Honorar 100 €)
Bemessungsgrenze	Max. Zuschuss pro Tag 560 € Insgesamt max. 5.600 €	Max. Zuschuss 2.115 € (EFRE max. 2.640 €)	Max. Zuschuss Berater 10.000 € Max. Zuschuss RKW 1.000 €
Download-Tipp	https://www.ihk-muenchen.de/de/Service/Förderung-Finanzierung/Coaching/Vorgründungs-und-Nachfolgecoaching/	https://www.rkw-hessen.de/beratungsfoerderung/gruendung-foerderung.html	https://www.rkw-thueringen.de/leistung/foerdermoeglichkeiten-fuer-gruender-und-unternehmen/

PRAXISTIPP

Bei verschiedenen Geschäftsmodellen ist man in der Standortwahl relativ flexibel. Da die Förderquoten bereits für die Gründungsberatung erhebliche abweichen, sollte ein Unternehmensberater den Existenzgründer auf die Unterschiede hinweisen. Gerade in der Startphase ist zusätzliche Liquidität aufgrund von Zuschüssen sehr wertvoll. In jedem Fall sind die Richtlinien gründlich zu prüfen und festzustellen, ob im Rahmen des Förderprogramms die Beratungsthemen bezuschusst werden.

8.5.1.2 Autorisierung

Die Autorisierung ist in vielen Fällen erneut bei dem jeweiligen Projektträger vorzunehmen und die Formulare direkt dort einzuholen. Eine beispielhafte Ausnahme hierbei ist die Vorgründungs und Nachfolgeberatung in Bayern. Eine zusätzliche Autorisierung entfällt hier. Vielmehr ist folgendes nachzuweisen:

- abgeschlossenes Studium oder vergleichbarer Abschluss (z. B. Meister) oder eine gültige BAFA-Listung,
- mindestens zweijährige Berufserfahrung in der allgemeinen Beratung von KMU.

8.5.1.3 Ablauf

Der Ablauf zur Nutzung von Beratungskostenzuschüssen wird beispielhaft an der hessischen Gründungsberatung aufgezeigt. Auch Abläufe können je nach Förderprogramm variieren.

ABB. 34: Prozess Gründungsberatung Hessen

Erstgespräch KMU
- kostenfrei
- Ermittlung Beratungsbedarf
- Vorstellung Förderprogramm Gründungsberatung
- Formulare: Anfrage Gründungsberatung (Vorhabenbeschreibung)

→

Einreichung beim RKW
- Anfrage Gründungsberatung
- Tabellarischer Lebenslauf Gründer
- Angebot Beratungsunternehmen

→

RKW schickt an Gründer
- Auftrag
- Aufforderung zur Vorkasse

↓

Gründer erledigt
- Unterschrift u. Rücksendung Auftrag an RKW
- Zahlung der Vorkasse

←

RKW an Berater
- Auftragserteilung zur Beratung

←

Beratungsdurchführung
- Termine und Themen planen
- Beraungsgespräche
- Analysen usw.

↓

Beratungsabschluss
- Abschlussbericht
- Abschlussgespräch
- Verwendungs- und Zeitnachweis
- Rechnung an RKW
- Einreichung online

→

Abrechnung
- Überweisung RKW an Berater
- Einholung Kundenbewertung

8.5.2 BAFA Beratungsförderung (Bundesprogramme)

Mit der Verabschiedung der neuen Rahmenrichtlinie zur Förderung unternehmerischen Know-hows hat das Bundesministerium für Wirtschaft und Energie (BMWi) ein klares Signal zur Sicherung des Wirtschaftsstandortes Deutschland gesetzt. Den KMU sollen weiterhin die Inanspruchnahme von Beratungsleistungen durch Beantragung nicht rückzahlbarer Zuschüsse erleichtert werden.

Organisatorisch wird das Verfahren über die BAFA (Bundesamt für Wirtschaft und Ausfuhrkontrolle) abgewickelt.

8.5.2.1 Ziel der BAFA Beratungsförderung

Besondere Herausforderungen für KMU sind neue Märkte und Mitbewerber, der demografische Wandel und die sich schnell verändernden Rahmenbedingen. Die fortschreitende Digitalisierung wirbelt ganze Branchen durcheinander. Insbesondere KMU können es sich auf wirtschaftlichen Gründen oft nicht leisten, Personal mit Experten-Know-how vorzuhalten, um hier entsprechende Maßnahmen entwickeln und umsetzen zu können. Die BAFA Beratungsförderung soll diesen Unternehmen helfen, die Erfolgsaussichten, die Leistungs-und Wettbewerbsfähigkeit sowie die Beschäftigungs- und Anpassungsfähigkeit zu erhöhen oder wiederherzustellen und Arbeitsplätze zu sichern.

8.5.2.2 Antragsberechtigt

Antragsberechtigt sind KMUs der gewerblichen Wirtschaft sowie Angehörige der Freien Beruf, die rechtlich selbständig sind und ihren Sitz, Geschäftsbetrieb oder Zweigniederlassung in der Bundesrepublik Deutschland haben (KMU nach EU-Definition).

Gefördert wird in drei Modulen:

- Junge Unternehmen, die bis zu zwei Jahren am Markt sind, sollen insbesondere bei Themen der Geschäftsführung sowie zur Sicherung der Unternehmen unterstützt werden.
- Am Markt länger als zwei Jahre bestehende Unternehmen erhalten Hilfestellungen, um ihr Unternehmerpotenzial und ihre Handlungskompetenzen zu ergänzen und zu vertiefen.
- Bei Unternehmen in Schwierigkeiten soll die Leistungs- und Wettbewerbsfähigkeit wieder hergestellt werden.

8.5.2.3 Die Konditionen

TAB. 21: Konditionen BAFA-Beratungsförderung

Antragsberechtigte	**Junge Unternehmen Bis zwei Jahre nach Gründung**	**Bestandsunternehmen Älter als zwei Jahre**	**Unternehmen in Schwierigkeiten**
Beratungsart			Unternehmenssicherungsberatung von KMU in Schwierigkeiten zur Wiederherstellung der Leistungs- und Wettbewerbsfähigkeit
Allgemeine Beratung	Allgemeine Beratung: wirtschaftliche, finanzielle, personelle und organisatorische Fragen der Unternehmensführung	Allgemeine Beratung: wirtschaftliche, finanzielle, personelle und organisatorische Fragen der Unternehmensführung	
Spezielle Beratung	Geführt von Unternehmerinnen, Migranten/innen oder mit Migrationshintergrund, zur Gestaltung von Arbeit für Mitarbeiter/innen mit Behinderung, Fachkräftegewinnung- und Sicherung, Gleichstellung und zur besseren Vereinbarkeit von Beruf und Familie, altersgerechte Gestaltung der Arbeit, Nachhaltigkeit und Umweltschutz	Geführt von Unternehmerinnen, Migranten/innen oder mit Migrationshintergrund, zur Gestaltung von Arbeit für Mitarbeiter/innen mit Behinderung, Fachkräftegewinnung- und Sicherung, Gleichstellung und zur besseren Vereinbarkeit von Beruf und Familie, altersgerechte Gestaltung der Arbeit, Nachhaltigkeit und Umweltschutz	
Beratungstage	Nicht festgelegt	Max. fünf Tage	Nicht festgelegt
Bemessungsgrenze	Allgemeine Beratung: max. 4.000 €	Allgemeine Beratung: max. 3.000 € (jeweils ein Projekt)	Unternehmenssicherungsberatung: 3.000 €
	Spezielle Beratung max. 4.000 €	Spezielle Beratung: max. 3.000 € (jeweils ein Projekt)	Vertiefungsberatung: 3.000 €
Zuschuss in % pro Beratungsart	Neue BL (ohne Berlin, Leipzig): 80 %, max. 3.200 €	Neue BL (ohne Berlin, Leipzig): 80 %, max. 2.400 €	Bundesweit 90 %, max. 2.700 €
	Alte BL (mit Berlin ohne Lüneburg): 50 %, max. 2.000 €	Alte BL (mit Berlin ohne Lüneburg): 50 % max. 1.500 €	
	Lüneburg: 60 %, max. 2.400 €	Lüneburg: 60 % max. 1.800 €	

Die Richtlinie ist am 1.1.2016 in Kraft getreten und gilt für Beratungen, deren vollständiger Verwendungsnachweis bis zum 31.1.2020 bei der BAFA eingereicht wurde.

Die Beratungskostenzuschüsse der BAFA sind De-minimis-pflichtig.

8.5.2.4 Die Autorisierung

Die Autorisierung bei der BAFA kann als Beratungsunternehmen oder auch als einzelner Unternehmensberater erfolgen. Die Registrierung erfolgt online mit Einreichung eines ersten Förderantrages. Wichtig ist, dass nachfolgende Voraussetzungen erfüllt werden:

- Er muss selbständig sein.
- Der Umsatz muss über 50 % aus Unternehmensberatung generiert werden.
- Zuverlässigkeit und Befähigung müssen vorhanden sein.
- Es muss ein Qualitätsmanagement geführt werden.
- Die Beratung muss richtlinienkonform durchgeführt werden.
- Es muss eine ordnungsgemäße Geschäftsführung vorhanden sein.

Diese Voraussetzungen sind durch entsprechende Nachweise zu belegen. Hierzu gehören:

- Die schriftliche Bestätigung zu den Umsatzverhältnissen mit dem vorgegebenen Formular die „Beratererklärung".
- Ein Nachweis über das erforderliche Qualitätsmanagement.
- Nachweise für die Selbständigkeit wie z. B. eine Gewerbeanmeldung, ein Handelsregisterauszug oder eine Anmeldung beim Finanzamt für Freiberufler.

HINWEIS

Der Nachweis zum Führen eines Qualitätsmanagements kann in unterschiedlichen Formen erbracht werden, z. B. durch Einreichung einer Zertifizierungsurkunde nach DIN EN ISO 9001. Die BAFA stellt auf ihrem Portal auch einen Leitfaden zur Verfügung, so dass ein individuelles Qualitätsmanagement im Beratungsunternehmen eingeführt und betrieben werden kann.

PRAXISTIPP

Einzelberater oder Beratungsunternehmen, die diesen Aufwand nicht betreiben möchten, haben die Möglichkeit im Rahmen einer Verbandmitgliedschaft bei „Die KMU-Berater – Bundesverband freier Berater e.V." und deren Auflagen bereits den Anforderungen der BAFA nachzukommen. In diesem Fall ist die Mitgliedsurkunde des Verbandes einzureichen. Eine weitere Möglichkeit besteht darin, die Beratung über ein bereits autorisiertes Beratungsunternehmen im Unterauftrag oder dem RKW vorzunehmen. In diesem Fall kümmert sich dann das autorisierte Beratungsunternehmen oder das RKW um Beantragung, Abruf der Mittel, Administration und Umsetzung des Qualitätsmanagements und übernimmt die volle Verantwortung für eine richtlinienkonforme Unternehmensberatung.

Einige Personengruppen werden explizit ausgeschlossen. Hierzu gehören insbesondere:

- juristische Personen des öffentlichen Rechts oder Religionsgemeinschaften,
- gemeinnützige Unternehmen oder studentische Unternehmensberatungen,
- mit dem beratenen Unternehmen verbundene Berater (z. B. Inhaber, Mitarbeiter),
- Angehörige,
- Berater mit einem beantragten oder eröffneten Insolvenzverfahren.

8.5.2.5 Ablauf der BAFA-Beratung

ABB. 35: Ablauf Beratung Bestandsunternehmen

Phase 1 Erstgespräch KMU	Phase 2 Antragstellung BAFA	Phase 3 Info-Schreiben BAFA	Phase 4 Beratungsbeginn	Phase 5 Beratungsabschluss	Phase 6 Verwendungsnachweis
kostefrei	gemeinsam mit KMU	per Post an KMU	Beratungsdauer max. 6 Monate	Abschlussbesprechung	online im Portal hochladen
Ermittlung Beratungsbedarf	telefonisch/persönlich	Maßnahmenbeginn	Termine u. Themen planen	Abschlussrechnung	Abschlussbericht
Ermittlung bereits in Anspruch genommene Förderberatung	online über Portal an Leitstelle	Beratungsvertrag	Beratung durchführen	Abschlussbericht	Zeitnachweis
Prüfung Förderfähigkeit			Rechnung		Rechnungen
					Kontoauszüge

Zur Phase 1

Bei Jungunternehmen und Unternehmen in Schwierigkeiten muss zusätzlich vor Antragstellung ein Informationsgespräch mit einem regionalen Ansprechpartner über die Zuwendungsvoraussetzungen geführt werden. Das KMU darf den Ansprechpartner frei wählen. In der Regel ist die IHK Ansprechpartner für Gewerbetreibende, die HWK für Handwerksbetriebe. Freiberufler können sich beispielsweise an der RKW wenden (s. auch Tabelle 19).

Zur Phase 2

In der Praxis hat sich es sich bewährt, die Beantragung in einem gemeinsamen Telefonat mit dem Unternehmer über das Online-Portal der BAFA vorzunehmen. Unter der Voraussetzung, dass alle Informationen, die für den Antrag benötigt werden, bereits vorliegen, nimmt die Antragstellung max. 5 bis 10 Minuten in Anspruch.

PRAXISTIPP

Die Erfassung der Daten sollte in einem Arbeitsgang erledigt werden. Eine Speicherung eines unvollständigen Antrages ist derzeit noch nicht möglich. Um ein wiederholtes Erfassen der Daten zu vermeiden, sollten alle Informationen vorliegen. Vorab kann nachfolgende Checkliste genutzt werden:

Checkliste 20:	Infos Antrag BAFA		
Unternehmen			
Name		Rechtsform	
Straße/Hausnummer		Postleitzahl/Ort	
Geschäftsführer/Inhaber			
Vorname		Nachname	
Telefonnummer		Emailadresse	
Straße/Hausnummer		Postleitzahl/Ort	
Betriebsstätte der Maßnahme			
Straße/Hausnummer		Postleitzahl/Ort	
Branche KMU		Wirtschafts-klassifikation KMU	
Gründungsdatum		Gründungs-gegenstand	
Anzahl Beschäftigte		Jahresbilanzsumme	
Jahresumsatz			
Beratungsunternehmen			
Vorname Berater		Nachname/ Berater-ID	

Zur Phase 3

Das Informationsschreiben erhält das Unternehmen per Post. In diesem Schreiben wird nochmals die grundsätzliche Förderbarkeit des KMUs bestätigt. Es wird auf wesentliche Punkte der Richtlinie hingewiesen, hierzu gehört z. B.:

- Die Beratungsleistung darf ausschließlich von einem autorisierten Berater oder Beratungsunternehmen durchgeführt werden.

- Der Beratungsbericht muss die förderfähigen Beratungsleitungen enthalten und den Anforderungen gerecht werden.
- Die Beratung muss im Interesse des KMUs durchgeführt werden.

Weiterhin enthält dieses Schreiben eine konkrete Anleitung zum Erstellen des Verwendungsnachweise und bis zu welchem Termin die Unterlagen vorgelegt werden müssen.

VORSICHT

Der Unternehmensberater sollte gemeinsam mit dem KMU die einzelnen Punkte besprechen und erläutern, worauf im Verlauf der Beratung zu achten ist. Insbesondere der Termin der Vorlagefrist sollte stets im Auge behalten werden. Es empfiehlt sich, diesen auf allen Protokollen zu vermerken. Bis zum Datum der Vorlagefrist muss nicht nur die Beratung abgeschlossen sein, sondern auch alle Unterlagen mit Verwendungsnachweise bei der BAFA hochgeladen werden und dort vorliegen. Andernfalls wird der Zuschuss nicht bewilligt.

PRAXISTIPP

Die Beratungstermine und Themen sollten ab Beratungsstart in Phase 4 fest geplant werden. Auch für die Ausarbeitung des Abschlussberichtes und Erstellung des Verwendungsnachweises ist ein Zeitpuffer von ca. vier Wochen empfehlungswert. Der Unternehmer sollte auch nach seiner Urlaubsplanung gefragt werden. In der Regel wird Urlaub nicht als Fristunterbrechung gewährt und der Zuschuss würde verloren gehen.

Der Beratungsvertrag kann grundsätzlich individuell, jedoch richtlinienkonform abgeschlossen werden. Insofern dürfen beispielsweise bei Bestandsunternehmen für das Beratungsprojekt max. fünf Beratertage vereinbart und abgerechnet werden, ebenso verhält es sich bei den Beratungsthemen. Auch hier darf nur Vertragsgegenstand sein, was in der Richtlinie vorgesehen ist.

Zur Phase 4

In der Beratungspraxis hat es sich bewährt, nach jedem Beratungsgespräch ein Protokoll zu erstellen (s. Checkliste 11 Protokoll). Das Protokoll ist auch die Grundlage zur Ausarbeitung des Beratungsbericht. Je strukturierter und ergebnisorientierter die Beratung durchgeführt und im Protokoll dokumentiert wird, umso geringer ist im Anschluss der Aufwand zur Erstellung des Abschlussberichtes.

Zur Phase 5

Die BAFA-Beratung muss konzeptionell erfolgen, dies ist auch entsprechend im Beratungsbericht zu dokumentieren. In einer konzeptionellen Beratung hat der Unternehmensberater zunächst die Aufgabe, sich einen Überblick über die Unternehmenssituation zu verschaffen. Dieser Überblick bezieht sich auf die vereinbarte Problemstellung bzw. den Beratungsbedarf. Handelt es sich um eine Organisationsberatung, werden die betrieblichen Abläufe untersucht. Wurde die Erstellung eines Fachkräftesicherungskonzeptes beauftragt, beschäftigt sich der Berater mit den Themen, die für die Mitarbeiter relevant sind. Ziel ist es, Schwachstellen und deren Ursachen zu ermitteln um anschließend entsprechende Verbesserungsvorschläge bzw. Lösungen der Probleme anzubieten. Hierbei sollen Maßnahmen erarbeitet werden, welche in die betriebliche Praxis umgesetzt werden können.

HINWEIS

Der Unternehmensberater darf auch bei der Umsetzung der Handlungsempfehlungen mitwirken. Beispielsweise kann er gemeinsam mit dem Unternehmer Angebote einholen und bewerten, Mitarbeiter- oder Verhandlungsgespräche mit Geschäftspartnern oder der Haubank vorbereiten und führen.

MERKE

Beratungstätigkeiten, die ausschließlich auf Analysen ausgerichtet ist wie z. B. Marktanalysen, Fördermittelanalysen oder Schwachstellenanalysen sind nicht förderbar. Als Teil einer konzeptionellen Beratung können für diese Tätigkeiten jedoch Zuschüsse beantragt werden.

Analog zur konzeptionellen Beratung ist auch der Beratungsbericht auszuarbeiten:

- Der Beratungsgegenstand muss kurz und konkret beschrieben werden.
- Die Ist-Situation des Unternehmens muss benannt und die Schwachstellen inklusive Ursachen müssen aufgezeigt werden.
- Individuelle Handlungsempfehlungen mit einer Anleitung in den betrieblichen Alltag sind zu erteilen.

PRAXISTIPP

Beispiel einer möglichen Gliederung für eine Allgemeine Beratung Finanzkonzept

TAB. 22:	Beispiel Gliederung Beratungsbericht
Abschlussbericht Finanzkonzept Auftragnehmer: Auftraggeber: Beratungsauftrag: Allgemeine Beratung Finanzkonzept Beratungszeitraum:	
1. Allgemeines zum Beratenen 1.1 Das Unternehmen - Eignung des Unternehmers 1.2 Ausgangssituation und Auftragsklärung 1.3 Methode 2. Ist-Situation und Schwachstellenanalyse 2.1 Produkte und Dienstleistungen 2.2 Personal 2.3 Zielgruppe 2.4 Betriebsmittelkredit 2.5 Finanzstatus 2.6 Technische Ausstattung 3. Ergebnisse und Handlungsempfehlungen 3.1 Konzeptentwicklung 3.2 Maßnahmen zur Verbesserung Rating 3.3 Investitionsplanung 3.4 Finanzierungsplanung 3.5 Personalplanung und Mindestumsatz 3.6 Umsatzplanung 3.7 Rentabilität 3.8 Einkommensplanung 4. Fazit 5. Anlagen 6. Zeitnachweis	

VORSICHT

Bestandsunternehmen können max. fünf Beratertage pro Beratungsart fördern lassen. Dem Beratungsbericht ist ein Zeitnachweis beizufügen, aus welchem die Beratungszeit und der Beratungsinhalt zu entnehmen sind. Die Zeit zur Erstellung des Abschlussberichtes ist in der Regel nicht förderbar. Beratungszeit zur Erstellung von Konzepten oder Analysen, z. B. Mitbewerberanalyse, kann im Zeitnachweis berücksichtigt werden.

PRAXISTIPP

Für die Erstellung der Abschlussberichte bei Unternehmen in Schwierigkeiten gibt es zusätzliche Anforderungen. Die BAFA stellt eine hierzu eine detaillierte Anleitung bereit. Auf der Website der BAFA werden weitere ausführliche Merkblätter mit praxisnahen Informationen zur Verfügung gestellt. Weiterhin sind konkrete Beispiele für Beratungsthemen aufgelistet. Beispielsweise sollten folgende Merkblätter genutzt werden:

- Benutzerleitfaden zur Definition vom KMU,
- zu den Antragsberechtigten,
- Beratungsarten und Beratungsthemen,
- zum Verwendungsnachweis,
- Hilfen zur Standortbestimmung zur Ermittlung des Fördersatzes.

MERKE

Der Abschlussbericht hat verschiedene Funktionen und ist daher für den Unternehmer sehr wertvoll:

- Umfasst die Beratungsergebnisse und dient zum Abruf der Beratungskostenzuschüsse.
- Als Finanzkonzept dient der Bericht als Entscheidungsgrundlage bei der Hausbank.
- Ist die Grundlage zur Beantragung weiterer Fördermittel (Inhalt für Förderanträge).
- Dient als strategischer Fahrplan für das Unternehmen.
- Ist der Leitfaden zur konkreten Umsetzung der Maßnahmen in die betriebliche Praxis.
- Kann sich positiv auf das Rating auswirken.

Zur Phase 6

Gemäß dem Informationsschreiben der BAFA sind mit dem vom Unternehmer unterzeichneten Verwendungsnachweis folgende Unterlagen im Onlineportal fristgemäß hochzuladen:

- EU-KMU-Erklärung und De-minimis-Erklärung vom Antragsteller ausgefüllt und unterzeichnet.
- Beratungsbericht inklusive Anlagen.
- Bestätigungsschreiben des regionalen Ansprechpartners (Jungunternehmen oder Unternehmen in Schwierigkeiten).
- Original eingescannte Beraterrechnungen.
- Original eingescannte Kontoauszüge des Antragsstellers über die Zahlung des Honorars.

VORSICHT

Viele Unternehmen erhalten keine Printkontoauszüge von ihrer Hausbank sondern erledigen die Bankgeschäfte online. Als Zahlungsnachweis werden dann oft nur Umsatzausdrucke oder Onlineausdrucke bereitgestellt. Diese sind nicht ausreichend. Die BAFA weist ausdrücklich in den Merkblättern darauf hin, dass es sich um Kontoauszüge handeln muss. Auch online werden Kontoauszüge von der Hausbank bereitgesellt. Von der BAFA werden nur Kontoauszüge anerkannt, die als solche auch benannt sind. Diese Regelung stößt bei Unternehmern oft auf Unverständnis.

PRAXISTIPP

In der Beratungspraxis hat sich bewährt, dem KMU bei der Erstellung des Verwendungsnachweises behilflich zu sein. Der Unternehmensberater sollte die Unterlagen im PDF-Format mit entsprechenden Dateinamen versehen und dem Unternehmer inklusive Leitfaden zu Vorgehensweise zur Verfügung stellen oder auch gegebenenfalls beim Hochladen unterstützen.

ABB. 36: Prozess Erstellung Verwendungsnachweis

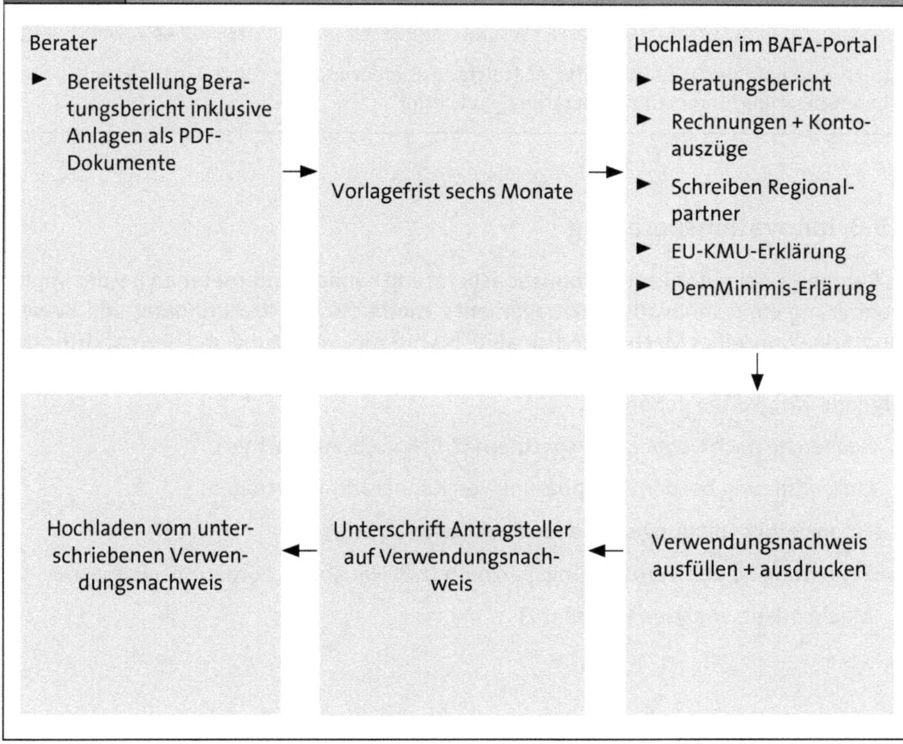

PRAXISTIPP

Sollte ein Nachweis fehlen oder unvollständig sein, kann es Sinn machen, auch diesen hochzuladen. Die BAFA wird dann über das Onlineportal eine Anfrage an das Unternehmen starten, so dass Unterlagen nachgereicht werden können. Insofern kann in Einzelfällen die Frist mit dieser Vorgehensweise gewahrt werden.

VORSICHT

Bei der BAFA sollte immer eine Emailadresse hinterlegt werden, deren Emails auch gelesen werden. Der Unternehmensberater sollte den Unternehmer darauf hinweisen, Mitteilungen der BAFA zu lesen und zügig zu beantworten bzw. den Berater zu informieren. So kann fristgemäß nachgebessert werden.

DOWNLOAD

http://www.bafa.de/DE/Wirtschafts_Mittelstandsfoerderung/Beratung_Finanzierung/Unternehmensberatung/unternehmensberatung_node.html

8.5.3 Innovationsberatung

Im Rahmen einer geförderten Innovationsberatung können Unternehmen bei der Implementierung eines Innovationsmanagements, methodischen Ideenfindung und Bewertung, Erstellung einer Machbarkeitsanalyse bis hin zur Umsetzung und Vermarktung der Innovation und anschließendem Controlling unterstützt werden. Hierzu können auch folgende Tätigkeiten gehören:

- Recherche nach Kooperationspartnern (z. B. Forschungspartner),
- Unterstützung bei der Vereinbarung von Kooperationsverträgen,
- Finanzierungsplanungen und Fördermittelanalysen,
- Begleitung zu den Verhandlungspartnern (z. B. Hausbank, Fördermittelgeber),
- Machbarkeitsanalysen (s. ABB. 37).

ABB. 37: Mögliche Beratungsleistungen im Prozess einer Innovationsberatung (NWB-BB 1/2015)

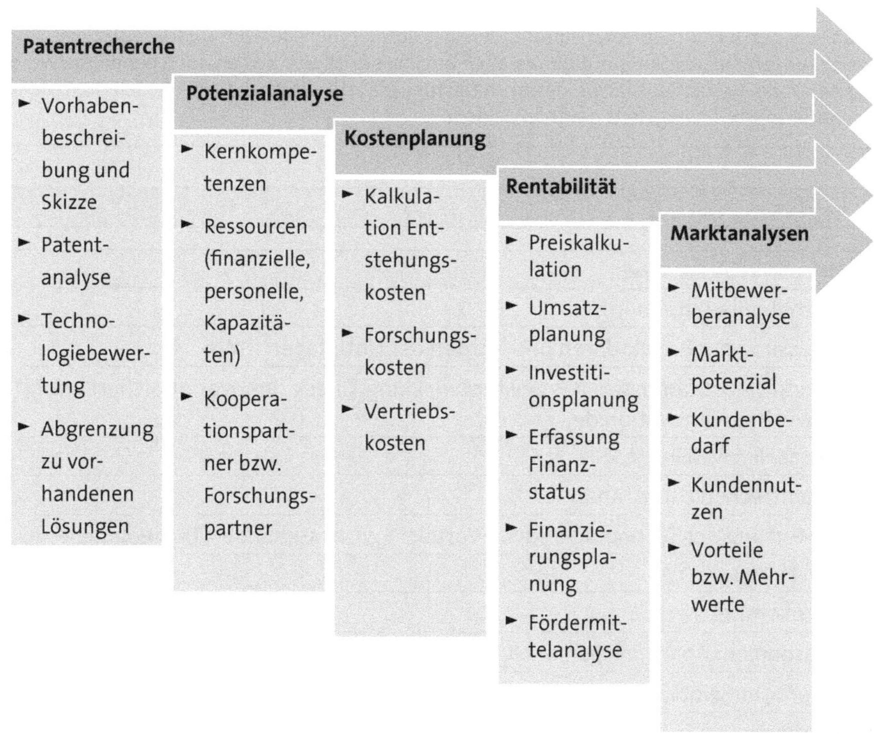

Bei der Ermittlung des Beratungsbedarfs, sollte zunächst geklärt werden, ob es sich hierbei um eine Innovationsberatung handelt. Hierzu kann eine kurze Vorhabenbeschreibung vom Unternehmer erarbeitet werden (s. Checkliste 13 – Vorhaben kurz).

Zur Analyse eines passenden Programms für Zuschüsse zur Innovationsberatung sind zunächst die relevanten Eckdaten des Unternehmens zu erfassen. Hierzu gehören Rechtsform, Betriebssitz, Zweigniederlassungen, Gesellschafter, verbundene Unternehmen, Umsatz, Mitarbeiterzahl, Bilanzsumme und ggf. bestehende Patente. Es empfiehlt sich auch hier die Daten belegen zu lassen. Das KMU sollte dem Fördermittelberater Bilanzen, Jahresabschlüsse, BWAs, Gewerbeanmeldung, Handelsregisterauszug, Gesellschafterverträge sowie Patentanmeldungen vorlegen.

HINWEIS

Im Rahmen einer geförderten Innovationsberatung sind jeweils bestimmte Themen vorgesehen. Im Rahmen der Richtlinien verpflichtet sich ein Unternehmensberater ausschließlich die Beratungsleistungen anzubieten, für die man auch qualifiziert ist und das entsprechende Know-how vorweisen kann. Bei der ABB. 38 werden auch Leistungspakete aufgezeigt, die mit Schnittstellen zu Kooperationspartnern angeboten werden können.

ABB. 38: Möglicher Inhalt einer Innovationsberatung

Ist-/Schwachstellenanalyse
► Vorhabenbeschreibung
► Erfassung der Projektdaten und Sichten der Unterlagen (BWA, JA, ...)
→ Checklisten, Stammdaten Projektentwicklung, Check „Innovation sichert Erfolg" (www.inqa-innovation.de)
Analyse der Innovation
► Patentrecherce und -analyse
► Bewertung der Technologie sowie Vorteiel ggü. bestehenden Technologien
Potenzialanalyse
► Kernkompetenzen
► Ressourcen: finanziell, personell, Kapazitäten
→ Check „Innovation sichert Erfolg", SWOT-Analyse
Marktanalyse
► Mitbewerberanalyse und Marktpotenzial
► Kundennutzen und -bedarf, Mehrwerte und Vorteile
→ Fragenkatalog, Kundenumfragen, Branchenberichte
Finanzkonzept
► Entwicklungs- und Entstehungskosten
► Preiskalkulation und Rentabilitätsrechnung
► Umsatz, Investitions- und Finanzierungsplanung
► Fördermittelanalyse
→ Kalkulationsprogramme, z. B. DataCubis, NWB Datenbank [→ PAAAE-30764]

Kooperationen
► Anforderungen an Forschungspartner
► Recherche
► Kooperationsverhandlung (Kooperationsverinbarung)
Aufgabenverteilung
► Personal- und Personalkostenplanung
► Arbeitspakete, Aufgaben und Zuständigkeiten
► Meilensteine festlegen
Implementierung Innovationsmanagement
► Ideen entwickeln, bewerten und priorisieren
► Unternehmens- und Innovationskultur
→ Kreativitätstechniken, z. B. Brainstorming, Osborn, Mindmap
Umsetzung
► Pilotprojekte
► Implementierung
Vertriebskonzept
► Marketingmaßnahme
► Vermarktung
Konzept zur Erfolgskontrolle/Projektcontrolling und Methoden
► Ziel- und Budgetkostenrechnung, Lebenszyklus-Kostenrechnung
► Prozesskosten in FuE
► Meilenstein-Trendanalyse und -Überwachungsplan
► Break-even-time-Analyse
Weiterentwicklung der Innovationsstrategie

Anhand des Beratungsbedarf und Aufwandes bzw. erforderliche Beratungszeit kann anschließend geprüft werden, welches Förderprogramm am besten passt und ob der Fördermittelberater im Rahmen dieses Programms beraten darf und die Voraussetzungen zu einer Autorisierung vorliegen. Gegebenenfalls ist eine Kooperation mit einem autorisierten Berater empfehlenswert.

8.5.3.1 Konditionen

Nachfolgende Tabelle gibt einen ersten Überblick über Förderprogramme zur Beantragung von Zuschüssen zur Innovationsberatung.

TAB. 23: öffentliche Förderprogramme für Innovationsberatungen

Programm	Für wen?	Wie hoch (netto)	Welche Beratung	Worauf ist zu achten
Innovationsgutschein BMWi go-inno	Gewerblich, rechtlich, selbständige Unternehmen und Handwerker mit weniger als 100 Mitarbeiter, Jahresbilanzsumme max. 20 Mio. €	Pro Kalenderjahr je Unternehmen max. fünf Innovationsgutscheine mit max. 20.000 € Zuschuss Tagessatz Bemessungsgrenze max. 1.100 €	Potenzialanalyse: Max. zehn Beratertage, max. 5.500 € Zuschuss Realisierungskonzept: 25 Beratertage, 13.750 € Projektmanagement: 15 Beratertage, 8.250 €	Es muss sich um Produkt- und technische Verfahrensinnovationen handeln. Es empfiehlt sich eine Vorabanfrage mit deren Formular zur Vorhabenbeschreibung. Der Vertrag und Ablauf ist vorgeschrieben. Prüfschema und Formulare werden bereitgestellt. Die Beantragung des Innovationsgutscheines erfolgt vor Beratungsbeginn. Abrechnung des Beratungshonorars zu 50 % über den Innovationsgutschein nach Abschluss der Beratung. Hohe Anforderungen an die Berater zur Autorisierung. Laufzeit der Richtlinie bis zum 31.12.2020

BAFA Allgemeine Beratung	KMU	s. Tabelle 21	Technologie- und Innovationsberatung zur Klärung der Chancen und Risiken von Innovationen und Anwendung neuer Produkte, Verfahren und Dienstleistungen	Keine Vorschrift für ein Vertragsformular. Konzeptionelle Beratung. Die Beratung wird durchgeführt und abgerechnet. Der Zuschuss wird anschließend vom KMU beantragt. Laufzeit der Richtlinie bis 21.12.2020
ZIM (Zentrales Innovationsprogramm für Mittelstand)	KMU (Gründung muss abgeschlossen sein und betriebswirtschaftl. Potenzial vorhanden sein)	Ergänzende Leistungen zur Markteinführung, nur wenn eine durchgeführte Projektförderung von ZIM max. bis zu 6 Monate zurückliegt	Max. 50 % von 50.000 €	Innovationsberatungsdienste (z. B. Beratung, Unterstützung und Schulung im Bereich Wissenstransfer, Erwerb und Schutz und Verwertung immaterieller Vermögensgegenstände) und innovationsunterstützende Dienstleistungen (z. B. Bereitstellung von Büroflächen, Datenbanken, Marktforschung) Laufzeit der Richtlinie bis 31.12.2019

Auch die Beratung zur Entwicklung von innovativen Geschäftsmodellen ist grundsätzlich in den verschiedenen Programmen förderbar.

Einzelne Themen der Innovationsberatung können auch im Rahmen der WIPANO-Patentförderung sowie dem Förderprogramm unternehmensWert:Mensch gemäß nachfolgender Tabelle gefördert werden.

TAB. 24: Beispiele Zuschüsse Innovationsberatung	
Förderprogramm	Themenbeispiele
WIPANO KMU-Patentförderung	Kosten-Nutzen-Analyse (Prüfung auf wirtschaftliche Verwertbarkeit z. B. Marktanalysen, Marktpotenzial, Kundenbedarf, Kundennutzen, betriebswirtschaftliche Kalkulation)
unternehmensWert:Mensch demokratische Mitarbeiterführung	Als Maßnahme zur Steigerung der Mitarbeiterzufriedenheit: Einführung Verbesserungsvorschlagwesen bzw. Innovationsmanagement

DOWNLOAD

Weitere Informationen zu den Konditionen und dem Ablauf zu den Förderprogrammen gibt es in den folgenden Kapiteln sowie unter nachfolgenden Link:
https://www.innovation-beratung-foerderung.de/INNO/Navigation/DE/WIPANO/Patentierung-Unternehmen/patentierung-unternehmen.html

Einzelne Förderprogramme können auch kombiniert werden. Wichtig hierbei ist eine konsequente Trennung der Themen, um eine unzulässige Doppelförderung zu vermeiden. Weiterhin ist den jeweiligen Richtlinien zu entnehmen, ob die Förderprogramme De-minimis-pflichtig sind. Gegebenenfalls sind hierzu die Grenzen gemäß Kapitel 1.8 zu berücksichtigen. Eine Abstimmung mit den jeweiligen Projektträgern ist gegebenenfalls empfehlenswert.

8.5.3.2 Autorisierung

Die Grundlage für eine Innovationsberatung bildet ein betriebswirtschaftliches bzw. ingenieurwissenschaftliches Studium. Es empfehlen sich weitere Qualifizierungen im Bereich der Methodenkompetenzen, Innovationsmanagements sowie der Fördermittelberatung. Persönliche Kompetenzen wie z. B. Teamfähigkeit, Kreativität, Verhandlungskompetenz sowie strukturiertes und analytisches Denken, bilden die Basis.

Um die Innovationsberatung im Rahmen der jeweiligen Förderprograme durchführen zu können, ist auch hier im Vorfeld eine Autorisierung erforderlich. Je nach Programm sind die Anforderungen an die Qualifikation und den Nachweis entsprechender Referenzen unterschiedlich. Teilweise werden bis zu drei Referenzen zur Innovationsberatung angefordert, die nicht älter als zwei Jahre sein dürfen. Auch hier ist oft der Nachweis zum

Führen eines Qualitätsmanagements erforderlich. Um künftig in diesen Förderprogrammen zu arbeiten, sollte direkt mit dem Projektträger Kontakt aufgenommen werden. Dann kann geprüft werden, ob man die Voraussetzungen erfüllt.

Wie bereits in Kapitel 5.2. beschrieben, variiert der Anspruch an den Grad der Innovation. Parallel verhält es sich bei den Förderprogrammen für Zuschüsse zu Innovationsberatungen. Mit dem Anspruch der Innovation bzw. des Innovationsgrades steigt der Anspruch an die Qualifikation und Spezialisierung des Innovationsberaters oder Beraterunternehmens.

PRAXISTIPP

Die erforderlichen Referenzen können auch in gemeinsamen Beratungsprojekten mit einem renommierten Innovationsberater, der bereits über die Qualifikation, Praxiserfahrung und Autorisierungen verfügt in Kooperation erarbeitet und anschließend als Referenz nachgewiesen werden.

8.5.3.3 Ablauf

Der Ablauf der Innovationsberatung variiert je nach Förderprogramm. Nachfolgende Abbildung gibt einen allgemeinen Überblick.

ABB. 39: Prozess einer Innovationsberatung (Beispiel)

Schnitt 1: Kostenfreies Erstgespräch
► Beratungsbedarf ermitteln
► Voraussetzungen
► Unterlagen vorlegen (JA, BWA usw.)
Schnitt 2: Recherche und Analyse
► Programm Beratungskostenzushüsse
► Kriterien an Innovationsberatung
► Innovation bewerten
► weitere Voraussetzungen prüfen
Schnitt 3: Angebot an Kunde
► Beratertage, Inhalt un Honorar
► mögliche Zuschüsse
► zu erwartende Ergebnisse
► Ablauf der Beratung
Schnitt 4: Vertrag
► Ablauf gemäß Förderprogramm
► eigener Vertrag oder nach Anforderung
► evtl. Vorkasse berechnen
Schnitt 5: Beratungsbeginn
► Termine vereinbaren
► Beratungsthemen und -ablauf planen
► Dokumentation
Schnitt 6: Beratungsabschluss
► Beratungsabschluss und Abrechnung mit dem Kunden
► Verwendungsnachweis

DOWNLOAD

Einzelheiten zu den Förderprogrammen können hier in Erfahrung gebracht werden:
https://www.innovation-beratung-foerderung.de/INNO/Navigation/DE/go-Inno/go-inno.html
https://www.zim.de/ZIM/Navigation/DE/Home/home.html
https://www.innovation-beratung-foerderung.de/INNO/Navigation/DE/WIPANO/wipano.html

8.5.4 Digitalisierungsberatung go-digital (Bundesprogramm)

In der heutigen Zeit wollen sich Kunden jederzeit sowie orts- und geräteunabhängig über Produkte und Dienstleistungen informieren. Sie erwarten unverzügliche Antworten auf ihre Fragen, intuitive Bestellprozesse und eine sofortige Auslieferung. Giganten wie Google, Facebook, Amazon & Co liefern die Plattformen und machen es möglich. Darüber hinaus geben Bewertungsportale, Vergleichsportale und der Meinungsaustausch in Social Media den letzten Impuls für die Kauf- oder Auftragsentscheidung. Daher sind auch die KMU gefordert, ihre Prozesse durch digitale Technologien zu optimieren, Produktdaten in Echtzeit bereitzustellen und auf verschiedenen Wegen für den Kunden verfügbar zu sein. Zu den größten Hindernissen der Betriebe gehören die begrenzten finanziellen Möglichkeiten, fehlendes Personal und fehlendes Know-how sowie die zeitlichen Ressourcen. Genau hier setzt das Förderprogramm „go-digital" mit Richtlinie vom 6.7.2017 an. Die Laufzeit ist befristet bis zum 31.12.2021. Mit vielen geförderten Beratertagen und Zuschüssen soll es Unternehmen motivieren, eine digitale Strategie zu entwickeln und umzusetzen.

Eine Veröffentlichung des Bundesverbands Digitale Wirtschaft (BVDW) e.V. bestätigt: Je kleiner die Unternehmen sind, desto mehr liegen sie bei der Digitalisierung zurück und desto größer ist ihr Risiko vom Markt zu verschwinden. Für diese Unternehmen ist eine professionelle Unterstützung existenziell.

Interne Treiber wie beispielsweise Kostenreduzierung, Verbesserung der Prozesse und Schaffung mobiler Arbeitsplätze oder externe Treiber, wie beispielsweise Kundenanforderungen, Lieferantenanforderungen oder Veränderungen der Märkte sowie innovative digitale Geschäftsmodelle lassen lukrative Digitalisierungspotenziale erschließen.

DOWNLOAD

Um Handlungsbedarf in den Unternehmen und Handwerksbetrieben zu identifizieren und auch zur Erstellung der Ist-Analyse im Vorfeld einer Digitalisierungsberatung sollte zunächst der Digitalisierungsgrad ermittelt werden. Hierzu kann das speziell aus der Praxis und auf Basis zahlreicher Studien entwickelte Tool unter www.digitalisierungsgrad-kmu.de kostenfrei genutzt werden. In einer grafischen Darstellung werden anschließend der Digitalisierungsgrad ausgewiesen sowie erste Handlungsempfehlungen erteilt. Diese Auswertung dient als Grundlage, um anhand vom Beratungsbedarf dem KMU ein Beratungsangebot zu unterbreiten.

Das Förderprogramm go-digital hat das Ziel, kleine Unternehmen und Handwerksbetriebe bis zu 100 Mitarbeitern und einem Jahresumsatz oder eine Bilanzsumme von höchstens 20 Mio. € mit einer Betriebsstätte oder Niederlassung in Deutschland bei der fortschreitenden Digitalisierung in allen Geschäftsbereichen und der Reduzierung von Risiken zu unterstützten. Es können Zuschüsse für Beratungsleistungen sowie für die Umsetzung der empfohlen Maßnahmen beantragt werden.

8.5.4.1 Konditionen

Der Förderumfang beträgt max. 30 Tage innerhalb von sechs Monaten. Sofern innerhalb der Beratung weiteres Know-how benötigt wird, kann ein sachverständiger Dritter hinzugezogen werden. Gefördert wird gemäß ABB. 40 in drei Modulen.

Im Modul IT-Sicherheit soll wirtschaftlichen Schäden vorgebeugt und Risiken durch Cyberkriminalität minimiert werden. Das soll durch die Optimierung von IT-Sicherheitsprozessen zum Aufbau eines betrieblichen IT-Sicherheitsmanagements durch Erarbeitung einer Strategie und Leitfäden erreicht werden.

PRAXISBEISPIEL

- Zugangsberechtigungen
- Daten-Backup
- Einführung von Passwortmanagern
- Verschlüsselte E-Mails
- Umgang mit internen Daten und Emails
- Nutzung von mobilen Endgeräten und Datenträgern
- Virenschutz

Im Modul Digitale Markterschließung soll die nationale und internationale Wettbewerbsfähigkeit durch Entwicklung und Umsetzung von Online-Marketing-Strategien gesteigert werden.

PRAXISBEISPIEL

- Konzeption kundenorientierter Internetseite oder Webshop
- Entwicklung und Umsetzung von Maßnahmen zur Suchmaschinenoptimierung z. B.
  - Keyword-Analyse
  - Landingpage
  - Online Presse
  - Content erstellen
- Kampagnen für Social Media
- Schulung und Anleitung zur Umsetzung
- Entwicklung neuer Kundenservices z. B.
  - Entwicklung von Tools zur Sammlung und Auswertung von Kundendaten
  - App zur Einsicht von Wartungsständen
  - Digitale Abfrage der Kundenzufriedenheit

Mit dem Modul Digitale Geschäftsprozesse soll die Effizienz gesteigert werden, indem Arbeitsprozesse durch Einführung elektronischer Prozesse optimiert werden.

PRAXISBEISPIEL

- Implementierung von Zahlungsverfahren
- Optimierung der Lagerhaltung oder Logistik
- Elektronisches Rechnungswesen
- Zeiterfassungssysteme
- Cloud Computing
- CRM-Systeme
- Bestellwesen

MERKE

Dieses Programm fördert ausschließlich die unternehmensinterne Digitalisierung zur Steigerung der Sicherheit, Effizienz oder Kundenservice. Entgeltliche Services werden mit go-digital nicht gefördert. Hierbei unterscheidet sich das Förderprogramm von go-inno gemäß nachfolgender TAB. 25.

TAB. 25: Differenzierung go-digital und go-inno anhand vom Praxisbeispiel

go-digital	**go-inno**
Unentgeltlicher Service	Entgeltlicher Service – neue Geschäftsmodelle
Entwicklung vom Konzept für Wartungsverträge: Anwendungen sollen per App und auf der Website des KMU für dessen Kunden unentgeltlich bereitgestellt werden Förderbar: Beratungskosten und Umsetzungskosten (Programmierkosten)	Selbst entwickelte Software soll als Geschäftsmodell den Mitbewerben entgeltlich angeboten werden Förderbar: Beratungskosten und technisches Konzept vom Programmierer

ABB. 40: Konditionen go-digital

Eckdaten	**Modul I**	**Modul II**	**Modul II**
	IT- Sicherheit	**Digitale Markterschließung**	**Digitale Geschäftsprozesse**
maximale Tage	20 (mit Dienstl. max. 14)	18 (mit Dienstl. max. 12)	18 (mit Dienstl. max. 12)
davon mindestens Tage in IT-Sicherheit		2	2
max. Tage für externe Dienstl. zur Maßnahmenumsetzung	6	6	6
zusätzlich in einem Nebenmodul maximale Tage	10	10	10
maximale Tage der Beratung gesamt			**30**
50 % Zuschuss, max. Tagessatz 1.100,00 €			**16.500,00**

Das Förderprogramm ist zunächst bis zum 31.12.2021 befristet.

8.5.4.2 Autorisierung

Das Beratungsunternehmen muss die fachliche Expertise für die jeweiligen Module, in welchen es beraten möchte, nachweisen und wirtschaftlich stabil sein. Eine weitere Voraussetzung ist die Beratungserfahrung mit KMU, die Einhaltung der Qualitätsstandards sowie die Zusammenarbeit mit (Fach-)Hochschulen, Forschungseinrichtungen o. Ä. Folgende Nachweise sind zu erbringen:

- Gewerbeanmeldung/Handelsregisterauszug
- jeweils drei Referenzen
- Jahresabschlüsse/Gewinn- und Verlustrechnung
- Beraterprofil
- Absichtserklärung zur Einhaltung der Qualitätsstandards.

Nach Auskunft des Projektträgers ist eine Beratertätigkeit im Vollerwerb nicht erforderlich. Freie Mitarbeiter mit entsprechender Expertise können im Programm als Kooperationspartner tätig sein. Es muss ein Kooperationsvertrag vorliegen sowie eine Autorisierung über das verantwortliche Beratungsunternehmen erfolgen. Der Kooperationspartner darf dann wie ein Mitarbeiter tätig werden. Die Autorisierung entfällt, sofern ein Berater ein Jahr lang kein Beratungsprojekt über go-digital abgewickelt hat. In diesem Fall wäre eine erneute Autorisierung erforderlich.

8.5.4.3 Ablauf

Die Beantragung erfolgt online durch das autorisierte Beratungsunternehmen.

Zur Phase 1
Eine Digitalisierungsberatung kann mit verschiedenen Förderprogrammen gefördert werden. In der Regel werden parallel zu dem Bundesprogramm go-digital auch Länderprogramme angeboten. Hier ist genau abzuwägen, welches Förderprogramm am besten zu dem Vorhaben passt. Das Bundesprogramm bietet im Vergleich zu den Länderprogrammen voraussichtlich mehr Beratertage an. Der administrative Aufwand ist jedoch entsprechend hoch und der Kunde muss zusätzlich mindestens 2 Tage IT-Sicherheit beauftragen, was bei kleineren Projekten oft vom Unternehmen nicht gewünscht wird.

ABB. 41: Ablauf Beratung go-digital

Phase 1 Erstgespräch	Phase 2 Online Verträge	Phase 3 Zuwendungs-bescheid	Phase 4 Beratungsstart	Phase 5 Verwendungs-nachweis
kostefrei	Erstellung Projektplan	Fördersumme	Durchführung nach Projekt-plan (max. 6 Monate)	online erstellen
Ermittlung Beratungsbedarf	Erstellung Beratungsvertrag		Themen und Termine planen	Kontoauszüge
Ermittlung bereits in Anspruch genommene Förderberatung	Förderantrag Drittleister	Förderzeitraum	Umsetzung	Rechnungen
Prüfung Förderfähigkeit	Abschluss Beratungsvertrag unter Vorbehalt der Erteilung Zuwendungs-bescheid		Abrech-nung (nach Abschluss Beratung)	Sachbericht
				VN original per Post

Zur Phase 2

Nicht alle Berater sind für alle Module für das Förderprogramm go-digital autorisiert. Gemäß der Richtlinie ist es erforderlich, mindestens zwei Beratertage IT-Sicherheit in Anspruch zu nehmen. Insofern ist hier eine intensive und gute Zusammenarbeit verschiedener Unternehmensberater oder Beratungsunternehmen erforderlich. Die Inhalte sind entsprechend in dem Projektplan zu berücksichtigen. Es empfiehlt sich, vorab eine Zusammenarbeit für künftige Projekte entsprechend in die Wege zu leiten, um eine reibungslose und konfliktfreie Beratung zu gewährleisten. Der unterschriebene Beratungsvertrag wird erst mit Erteilung des Zuwendungsbescheides wirksam. In Ausnahmefällen dürfen auch Drittleister, die nicht für das Förderprogramm autorisiert sind, mitwirken. Hierzu ist ein entsprechender Förderantrag zu stellen.

Zur Phase 3
In dem Zuwendungsbescheid werden der im Projektplan vorgesehene Zeitraum sowie die kalkulierten Kosten bewilligt. Sollte sich im Verlauf des Beratungsprojektes ein weiterer Bedarf ergeben, können Änderungsanträge bzgl. Förderhöhe und Zeitraum bis zu den Bemessungsgrenzen ausgeschöpft werden.

Zur Phase 4
Die Beratung muss wettbewerbsneutral erfolgen. Hiermit soll vermieden werden, dass eigene Produkte des Unternehmensberaters eingesetzt werden, obwohl andere Lösungen besser zum Vorhaben passen würden. Diese Vorgehensweise muss das begünstigte Unternehmen schriftlich bestätigen. Die Projektlaufzeit darf max. sechs Monate betragen. Erst nach Abschluss der Beratung wird die Rechnung vom Berater gestellt. Nur in Ausnahmefällen sind Teilrechnungen erlaubt, die mit dem Projektträger abzustimmen sind.

Zur Phase 5
Der Verwendungsnachweis wird online erstellt, ist vom begünstigten Unternehmen zu unterschreiben und im Original per Post zuzusenden. Das Förderprogramm ist De-minimis-pflichtig.

HINWEIS

Die Inanspruchnahme des Förderprogramms läuft schleppend. Das lässt sich aus einem Schreiben des Projektträgers ableiten, wo die Berater um Stellungnahme gebeten werden. Ursachen könnten folgende sein:

- Für jedes Modul müssen mindestens zwei IT-Beratertage geleistet werden. Da nicht jedes Beratungsunternehmen für alle drei Module autorisiert ist, sind in den meisten Fällen Kooperationen und die Zusammenarbeit von zwei Beratungsunternehmen zwingend erforderlich. Konfliktpotenzial z. B. aufgrund verschiedener Herangehensweisen oder Philosophien lassen ein Projektscheitern befürchten.
- Die Hürden zur Autorisierung sind relativ hoch, wie die Praxis gezeigt hat. IT-Kompetenz ist erforderlich.
- In einigen Regionen fehlen die Berater mit entsprechender Expertise für das Modul IT-Sicherheit.
- Die Administration und Verantwortung liegt beim beantragenden Beratungsunternehmen. Bei einem Projektscheitern bzw. Nicht-Auszahlen der Zuschüsse kann dies ein Forderungsausfallrisiko für das verantwortliche Beratungsunternehmen bedeuten.
- Der Beratungsbedarf ist besonders bei kleinen KMUs hoch. Der Eigenanteil für die benötigte Anzahl von Beratertagen ist für diese Unternehmen oft nicht bezahlbar.

Gemäß telefonischer Auskunft beim Projektträger, der EuroNorm GmbH, werden diese Informationen an das BMWi weitergleitet, um dort zu prüfen, inwieweit das Förderprogramm go-digital dem Bedarf der KMUs angepasst werden kann.

DOWNLOAD

Alle Informationen zum Förderprogramm und Formulare können unter nachfolgendem Link abgerufen werden:
https://www.innovation-beratung-foerderung.de/INNO/Navigation/DE/go-digital/Foerdermodell/foerdermodell.html

8.5.5 Prozess- und Organisationsberatung unternehmensWert: Mensch (Bundesprogramm)

Der demografische Wandel sowie fortschreitende Digitalisierung stellen die KMU vor große personalpolitischen Herausforderungen. Personelle Engpässe, Fluktuation, hoher Krankenstand und fehlendes Fachpersonal sind oft die Ursachen für Auftragsstau und Reklamationen. Die Folgen sind rückläufige Umsätze bis hin zur eheblichen Verschlechterung des Betriebsergebnisses sowie steigende Kundenunzufriedenheit, da Termine aufgrund dem Personalmangel oft nicht mehr eingehalten werden können. Um diese Symptome nicht zu bekämpfen, sondern im Vorfeld zu vermeiden, bietet sich die Prozessberatung im Rahmen des Förderprogramms „unternehmensWert.Mensch“ an.

Ziel des Förderprogramms „unternehmensWert:Mensch“ ist es, die Wettbewerbsfähigkeit und Innovationsfähigkeit von KMU zu stärken. Das kann nur mit einer zukunftsfähigen Personalpolitik erreicht werden. Schließlich sind die Mitarbeiter das höchste Gut eines Unternehmens. Um die Veränderungsbereitschaft bei den Mitarbeitern zu fördern, setzt das Programm eine Mitarbeiterbeteiligung voraus. Insofern werden die Mitarbeiter in den Veränderungsprozess von Beginn an eingebunden. Diese Unternehmenskultur, die den „Wir-Gedanken“ fördert, wird die Mitarbeitermotivation und die Eigenverantwortlichkeit steigern. So werden Veränderungsprozesse in der Personal- und Organisationsentwicklung nachhaltig angestoßen.

Nach der Konjunkturumfrage Anfang 2018 des DIHK machen sich 60 % der Unternehmen Sorgen darüber, dass der Fachkräftemangel eines der größten Geschäftsrisiken ist. Viele Unternehmen nehmen eine veränderte Altersstruktur wahr, jedoch nur wenige sprechen gezielt Ältere an. Viele Betriebe stellen fest, dass das Qualifikationsniveau von Bewerbern signifikant sinkt.

Der Erhalt der Arbeits- und Leistungsfähigkeit sowie die Gesundheit der Mitarbeiter sind demnach eines der Top-Themen der KMU. Der demografische Wandel wird nachfolgende Auswirkungen auf Unternehmen haben, wobei sich die Prozentzahlen jeweils auf die Intensität der Auswirkung auf den genannten Bereich beziehen (Quelle: Die Welt):

ABB. 42: Auswirkungen auf demografischen Wandel

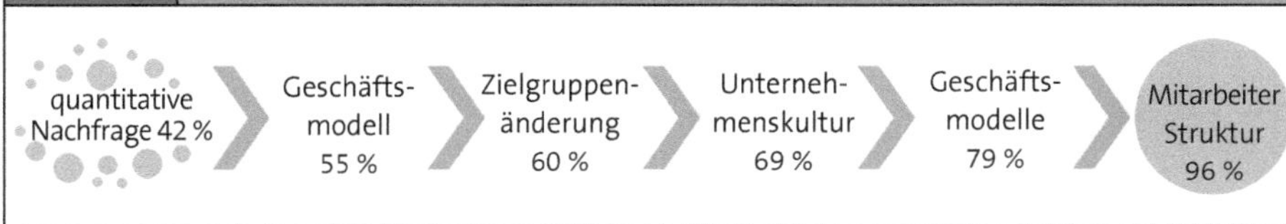

8.5.5.1 Konditionen

Antragsberechtigte Unternehmen sind KMU nach EU-Definition, die sich mindestens zwei Jahre am Markt etabliert haben. Der Betriebssitz und die Arbeitsstätte müssen in Deutschland sein. Das Programm bietet Zugang zu folgenden Beratungs- und Unterstützungsleistungen:

ABB. 43: Beratungsleistungen uWM

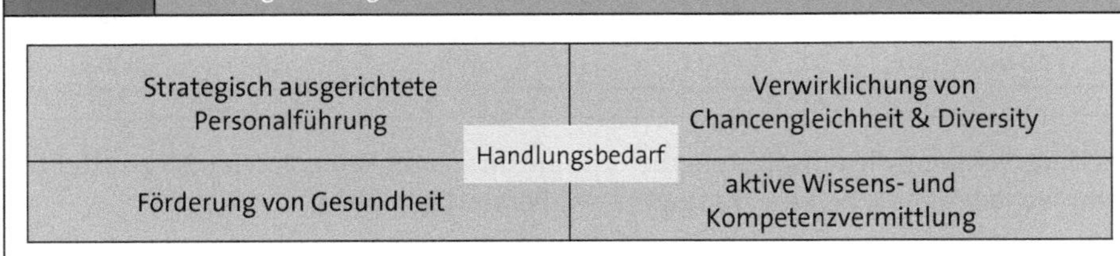

Im Rahmen des Programms UWM sollen die KMU unterstützt werden, eine Unternehmenskultur zu etablieren, um Mitarbeiter zu motivieren, deren Leistungen zu steigern, altersgerechte Arbeits- und Produktionsbedingungen zu schaffen und zur Fachkräftesicherung beizutragen. Im Einzelnen soll zu den in ABB. 43 genannten Beratungsleistungen folgender Beratungsbedarf abgedeckt werden:

ABB. 44: Zu deckender Beratungsbedarf uWM

Personalführung	Chancengleichheit & Diversity	Gesundheit	Wissen & Kompetenz
Führung und Kommunikation	Familie und Beruf	Physische und psychische Gesundheit	Personalentwicklung
Partizipation und Motivation	Demografie	Organisatorische und individuelle Resilienz	Lebenslanges Lernen
	Inklusion		Wissenstransfer
	Frauenförderung		

In den Bundesländern Brandenburg, Baden-Württemberg, Nordrhein-Westfalen und Sachsen-Anhalt richtet sich das Programm nur an Kleinstunternehmen mit weniger als zehn Beschäftigten.

ABB. 45: Förderkonditionen uWM

Betriebsgröße (Mitarbeiter)	Honorarpauschale pro Tag	Förderquote	Tage	max. Zuschuss
< 10	1.000 €	80 %	10	8.000 €
> 10 und < 250	1.000 €	50 %	10	5.000 €

Bei Unternehmen, die umsatzsteuerbefreit sind und somit keine Vorsteuer erstattet bekommen, beträgt die Bemessungsgrenze pro Beratertag 1.190 €.

Das Förderprogramm ist De-minimis-pflichtig. Die Laufzeit des Förderprogramms ist zunächst bis zum 31.7.2020 befristet.

8.5.5.2 Autorisierung

Den Zuschuss für die Beratung im Rahmen dieses Förderprogramms können ausschließlich autorisierte Berater in Anspruch nehmen. Ein Prozessberater hat folgende Voraussetzungen zu erfüllen und hierzu entsprechende Nachweise einzureichen:

- Mindestens drei Kundenreferenzen abgeschlossener Beratungen im jeweiligen Handlungsfeld (Fachkompetenz).
- Zusatzqualifikation Prozesskompetenz (Zertifikat über 120 Stunden Theorie oder adäquate Weiterbildung bzw. Studium).

- Mindestens 60 Stunden Praxiserfahrung in der Prozessberatung.
- Akademischer Abschluss (drei Jahre Berufserfahrung) oder abgeschlossene Berufsausbildung (fünf Jahre Berufserfahrung).
- Teilnahme einer Informationsveranstaltung für Prozessberater.

Zum Erhalt der Autorisierung ist zwingend die Teilnahme an einem jährlichen Erfahrungsaustausch im Rahmen des Programms „unternehmensWert:Mensch" sowie an einer Veranstaltung der Initiative Neue Qualität der Arbeit (INQA) nachzuweisen.

Im Gegensatz zu vielen anderen Programmen für Beratungskostenzuschüsse können hier auch Berater gelistet werden, die nebenberuflich selbständig beratend tätig sind. Berater, die einem Netzwerk oder Verband angehören, sollten prüfen, ob ihre Zugangsvoraussetzungen vereinfacht sind.

PRAXISTIPP

Eine Neuregistrierung für das Programm kann erst bei einer erneuten Öffnung des Pools vorgenommen werden. Die letzte Öffnung fand im Oktober 2017 statt. Wer das Förderprogramm nutzen möchte, sollte sich fortlaufend informieren bzw. sich mit dem Projektträger direkt in Verbindung setzten und in einen Verteiler aufnehmen lassen. Eine erneute Öffnung des Förderprogramms ist grundsätzlich möglich. Die Zeit kann für weitere Qualifizierungen genutzt werden, um die Voraussetzungen zur Autorisierung zu erfüllen.

8.5.5.3 Ablauf

Sogenannte Erstberatungsstellen sind als neutrale Institutionen die erste Anlaufstelle zur Beantragung der Zuschüsse. Diese unterstützten und begleiten den Beratungsprozess. Der Erstberater ist Ansprechpartner für KMU in einer festgelegten Region. Zu den Aufgaben der Erstberatungsstelle gehört die Durchführung der Erstberatung. Hierzu werden anhand der vier Handlungsfelder mit dem Instrument des Handlungsradars der Beratungsbedarf festgestellt und entsprechende Handlungsempfehlungen erteilt. Diese Handlungsempfehlungen bilden die Basis der nachfolgenden Prozessberatung. Die Erstberatungsstellen müssen sich gegenüber dem Prozessberater neutral verhalten.

Für die Umsetzung der Handlungsempfehlungen ist der autorisierte Prozessberater verantwortlich. Der Prozessberater kann im Rahmen des Programms zahlreiche Aufgaben gemäß nachfolgender ABB. 46 wahrnehmen.

ABB. 46: Mögliche Aufgaben Prozessberater

Aufgaben
► Stärken- und Schwächenanalyse des Unternehmens anhand der von der Erstberatungsstelle identifizierten Handlungsfelder
► Entwicklung von Handlungszielen, Maßnahmen, Handlungsplan
► Initiierung des Veränderungsprozesses
► Anleitung der Umsetzung der Konzeption
► Dokumentationspflicht (Tagesprotokoll, unterschriebene Teilnehmerliste, Handlungsplan)
Mögliche Methode
► Kick-off-Meeting
► SWOT-Analyse
► Arbeitsgruppen
► Workshop
► Coaching
► Mitarbeiterumfragen
► Mitarbeitereinzelgespräche
► Rollenspiele
► Bewertungsmatrix
Mögliche Ergebnisse
► Konzept für Verbesserungsvorschlagwesen bzw. Innovationsmanagement
► Betriebsregeln
► Konzeption für ein Handbuch
► Konzept für ein Kommunikationssystem
► Festlegung von Arbeitsprozessen
► Leitfaden für Mitarbeiterjahresgespräche
► Konzept für Leistungsvergütungen
► Konzepte für das betriebliche Gesundheitswesen

HINWEIS

Die Prozessberatung soll im Unternehmen gemeinsam mit Mitarbeitern, Führungskräften und Geschäftsführung durchgeführt werden. Die Einbindung der Beschäftigten soll den Praxisbezug sowie eine aktive Erarbeitung der Lösungen gewährleisten.

MERKE

Werden die Beratungstermine außerhalb vom Unternehmen z. B. im Büro des Beraters vorbereitet oder weitere Ausarbeitungen von z. B. Mitarbeiterumfragen ausgewertet, sind die hierfür geleisteten Beraterstunden nicht förderbar. Auch parallel zum Förderprojekt uWM abgeschlossene Verträge über Dienstleistungen, welche im Zusammenhang mit den Beratungsinhalten von uWM stehen, können ein Scheitern des Förderprojektes zur Folge haben. Folgende Tabelle aus der Praxis und Rücksprache mit Erstberatungsstellen soll eine erste Hilfestellung geben.

TAB. 26: Beispiele uWM

Empfehlung	Beispiele	
	Vorbereitung von Fragebögen im Büro des Beraters, um Mitarbeitereinzelgespräche anschließend im Betrieb durchzuführen	Vorbereitung von Fragebögen im Betrieb des Unternehmers, um Mitarbeitereinzelgespräche anschließend durchzuführen
Auch Vorbereitung oder Nachberatung von Unterlagen kann als Beratungszeit angesetzt werden, wenn diese im Betrieb des Unternehmers geleistet wurden, gegebenenfalls sollten Einzelheiten mit der Erstberatungsstelle abgestimmt werden.	nicht förderbar	förderbar
	Mitarbeitereinzelgespräche werden im Betrieb vom Berater durchgeführt	Mitarbeitereinzelgespräche werden außerhalb des Unternehmens vom Berater durchgeführt
Um eine vertrauensvolle Atmosphäre für die Mitarbeiter zu schaffen, können diese grundsätzlich auch außerhalb des Unternehmens stattfinden, gegebenenfalls sollten Einzelheiten mit der Erstberatungsstelle abgestimmt werden.	förderbar	förderbar

ABB. 47: Ablauf Beratung uWM

Erstgespräch Mandant	Erstberatungsstelle	Prozessberater	Erstberatungsstelle
Information über das Programm Abklärung, ob bereits öffentliche Förderungen beansprucht wurden zuständige Erstberatungsstelle ermitteln	Information über Programmablauf Prüfung, ob Fördervoraussetzungen erfüllt werden Ermittlung des Beratungsbedarfs mit Handlungsradar Aushändigung der Unterlagen: 1. Ausdruck Beratungsprotokoll 2. Handlungsempfehlung 3. Beratungsgutschein Bereitstellung der Formulare zur Dokumentation Hinweis auf den Pool der Prozessberater	Abschluss des Beratungsvertrags Rechnungsstellung nach Erstberatung 9 Monate Zeit für Prozessberatung Durchführung der Prozessberatung anhand der Handlungsempfehlungen Ausstellung des Protokolls und Übersendung an Erstberatungsstelle inklusive Teilnehmerliste nach jedem Termin Bereitstellung folgender Dokumente: 1. Übersichtsliste Beratertage 2. Tagesprotokolle inkl. Teilneherliste von allen unterschrieben 3. betrieblicher Handlungsplan	innerhalb von einem Monat nach Abschluss der Beratung: 1. Antrag stellen beim Bundesverwaltungsamt (BVA) 2. Verwendungsnachweis beim BVA Ergebnisgespräch nach vier bis sechs Monaten

PRAXISTIPP

Der Unternehmensberater sollte seinen Mandanten darauf hinweisen, dass der Beratungsgutschein noch kein Anspruch auf Bewilligung der Förderung ist. Hierbei handelt es sich lediglich um die Bestätigung, dass mit der Maßnahme, sprich der Prozessberatung, vorzeitig begonnen werden darf.

HINWEIS

In der Beratungspraxis hat sich erwiesen, dass ein Prozessberater keinen großen Dokumentationsaufwand hat, da die Formulare in Stichpunkten ausgefüllt werden können. Die Erstberatungsstelle unterstützt den Beratungsprozess aktiv und überprüft auch zu Beginn die Zahlungsfähigkeit vom Unternehmen. Denn die Einlösung des Gutscheines erfolgt erst, wenn die vollständige Zahlung an den Berater geleistet und nachgewiesen wurde. Weiterhin gibt es Hilfestellungen bei der Erstellung des Verwendungsnachweises. Ein Prozessberater kann sich so vollständig auf den Beratungsprozess konzentrieren und bei der Umsetzung unterstützen.

Oftmals sind zu Beginn der Beratung die Mitarbeiter sehr skeptisch. Umso begeisterter sind alle Beteiligten dann später über die erarbeiteten Ergebnisse. Eine Herausforderung ist jedoch die Umsetzung und Konzeption, für die ein Verantwortlicher vom Unternehmen zuvor benannt werden sollte. Sofern weitere Unterstützung benötigt wird, empfiehlt es sich, nach dem Ergebnisgespräch weitere Beratungstage zu beantragen.

MERKE

Die Prozessberatung muss jedoch auf den erteilten Handlungsempfehlungen der Erstberatungsstelle aufbauen. Soll hiervon abgewichen werden, ist das Einverständnis einzuholen und in den Protokollen zu begründen.

Festzuhalten ist, dass das Programm gewisse Veränderungsprozesse und eine neue Unternehmenskultur anstoßen soll und einem Unternehmensberater auch ein Türöffner für eine künftige und intensive Zusammenarbeit sein kann. UWM ist ein hilfreiches Programm, um die Unternehmen zur Gestaltung einer zukunftsfähigen und strategischen Personalpolitik zu unterstützen und zu befähigen, diese umzusetzen.

DOWNLOAD

Weitere Informationen und Formulare können dem nachfolgenden Link entnommen werden: https://www.unternehmens-wert-mensch.de/startseite/

8.5.5.4 unternehmensWert:Mensch plus (uWMplus)

Im Zuge der Digitalisierung soll der Wandel der Arbeitsweltwelt der KMU mit einem weiteren Förderprogramm für Beratungskostenzuschüsse unterstützt werden . Im Rahmen von uWMplus sollen KMUs motiviert werden, sogenannte Lern- und Experimentierräume zu schaffen. Antragsberechtigt sind KMUs mit Sitz oder Betriebsstätte in Deutschland und mindestens einem sozialversicherungspflichtige Beschäftigten.

TAB. 27: uWM plus

Für wen?	Wie hoch? (netto)	Welche Beratung?	Autorisierung
KMUs mit Sitz oder Betriebsstätte in Deutschland und mindestens einem sozialversicherungspflichtig Beschäftigten	Max. zwölf Beratertage Förderquote: 80 % Zuschuss Max. 9.600 € Max. sechs Monate (alle Bundesländer)	Betriebliche Lern- und Experimentierräume für Arbeitsinnovationen: ► Arbeitszeit und Ort ► Wissen und Qualifizierung ► Führung und Zusammenarbeit ► Arbeitsgestaltung und Gesundheit	Organisations- und Prozessberater, die bereits im Förderprogramm uWM autorisiert sind, können an der Onlineschulung, die ca. einen halben Tag in Anspruch nimmt teilnehmen. Nach erfolgreichem Abschluss darf man in dem Programm uWMPlus beraten.

PRAXISTIPP

Um ein erfolgreiches Durchführen der Experimentierräume zu ermöglichen, sollen zunächst Unternehmen mit mindestens 25 Mitarbeitern gefördert werden. Bei weniger Beschäftigten ist ein Nachweis zu erbringen, dass der Betrieb organisatorisch in der Lage ist, die Lern- und Experimentierräume ohne Beeinträchtigung des Tagesgeschäfts einzurichten. Hierzu führt die Erstberatungsstelle auch Gespräche mit den Mitarbeitern, um sich von diesen eine Einschätzung zu holen. Der Ablauf dieser Beratung ist reglementiert und lässt kaum Abweichungen zu.

9. Fazit und Empfehlungen für die Praxis

Die Inanspruchnahme von öffentlichen Fördermitteln, insbesondere Zuschüssen erfordert ein fundiertes Know-how. Die Unterstützung durch einen ausgebildeten KMU-Fördermittelberater erleichtert den Zugang zu den Fördermitteln sowie die dazugehörige Administration. Chancen und Risiken sollten im Vorfeld abgewogen werden.

TAB. 28: Chancen von öffentlichen Fördermitteln

Unternehmer	KMU-Fördermittelberater
• Haftungsfreistellung (Förderkredite • Zusätzliche Sicherheiten (Bürgschaften) • Günstigere Zinsen • Geringere Lohnkosten • Zusätzliche Liquidität • Steigerung der Arbeitgeberattraktivität • Mehr Effizienz (Digitalisierung) • Positionierung auf neuen Märkten • Realisierung von Ideen • Wettbewerbsvorteile (neue Produkte und Dienstleistungen) • Zusätzliches Know-how (Berater) • usw.	• Marketinginstrument (Beratungskostenzuschüsse) • Unterstützung von Projektträgern (Administration z. B. RKW, Erstberatung uWM) • Qualitätsmerkmal (Autorisierung) • Neue Kundenpotenziale (qualifizierte KMU-Fördermittelberatung

Um Risiken zu minimieren sollte ein KMU-Fördermittelberater z. B. folgende Tipps aus der Praxis beachten:

TAB. 29: Tipps zur Minimierung von möglichen Risiken

Tipps zur Minimierung von Risiken in der Fördermittelberatung von Unternehmen	
Mögliches Risiko	**Tipp**
Subventionsbetrug	• Prüfen Sie die Angaben des Unternehmens. • Achten Sie darauf, dass Doppelförderungen ausgeschlossen werden. • Fragen Sie nach bereits in Anspruch genommenen Fördermitteln.

Kein Anspruch auf Fördermittel	• Hinweis, dass es keinen Anspruch auf Fördermittel gibt, sondern Anspruch auf ordnungsgemäße Entscheidung nach Ermessen. • Richtlinien lesen, verstehen u. prüfen, ob diese zum Projekt passt.
Hoher administrativer Aufwand	• Unterstützen Sie den Unternehmer mit Ihrem Know-how. • Weisen Sie darauf hin, dass Fördermittel nicht für eine kurzfristige Strategie oder nicht zur Deckung von Liquiditätsengpässen geeignet sind.
Start der Maßnahme	• Erst ist der Antrag zu stellen, evtl. gibt es einen vorzeitigen Maßnahmenbeginn.

HINWEIS

In der Ausbildung zum Berater für KMU-Fördermittel können Unternehmer und Berater weitere Erfahrungen in der Anwendung von öffentlichen Förderprogrammen von der Recherche und Analyse bis zur Beantragung, dem Verwendungsnachweis bis zu Erfolgskontrolle anhand von zahlreichen Praxisfällen sammeln. Weiterhin werden die Teilnehmer angeleitet, wie die Autorisierung für Beratungskostenzuschüsse erlangt werden kann sowie verschiedene Beratungsmethoden und Gespräche in Rollenspielen geübt. Nach erfolgreichem Abschluss der Prüfung wird das Zertifikat zum geprüften Berater für KMU-Fördermittel erlangt. Die nächste Ausbildung startet am 04.02.2018. Weitere Informationen und Teilnehmerstimmen gibt es unter nachfolgenden Links:

www.ausbildung-foerdermittelberater.de

DOWNLOAD

Alle Checklisten können als Kopiervorlage unter nachfolgendem Link heruntergeladen werden:
https://www.ausbildung-foerdermittelberater.de/download
Code: NWB2018FMB1

Haftungsausschluss:

Alle Informationen in diesem Buch wurden sorgfältig recherchiert. Eine Haftung für die Richtigkeit der Angaben kann nicht übernommen werden. Für die in diesem Buch abgedruckten Internetseiten sind ausschließlich die jeweiligen Betreiber verantwortlich.

Die einzelnen Förderprogramme sollten jeweils aktuell recherchiert und die Informationen der gültigen Richtlinie sowie den weiteren Veröffentlichungen oder Ergänzungen entnommen werden. In jedem Fall sollte Rücksprache mit dem jeweiligen Projektträger über Inhalte, Auslegung, Laufzeit und vorhandenes Budget erfolgen.

LINKVERZEICHNIS UND LITERATURVERZEICHNIS

26. Subventionsbericht der Bundesregierung	https://www.bundesfinanzministerium.de/Content/DE/Standardartikel/Themen/Oeffentliche_Finanzen/Subventionspolitik/2017-08-23-subventionsbericht-26.html
Europäische Kommission	http://ec.europa.eu/regional_policy/de/funding/erdf/
Die Bundesregierung ESF	http://www.esf.de/portal/DE/Startseite/inhalt.html
Die Bundesregierung EFRE	https://www.bundesregierung.de/ContentArchiv/DE/Archiv17/Artikel/2012/08/2012-08-03-efre.html
Institut für Mittelstandsforschung Bonn	https://www.ifm-bonn.org
Die Neue Hightech Strategie	https://www.hightech-strategie.de/index.php
Ermessensausübung LSG München, Urteil v. 20.4.2017 – L 9 AL 49/14	http://www.gesetze-bayern.de/Content/Document/Y-300-Z-BECKRS-B-2017-N-113585?hl=true&AspxAutoDetectCookieSupport=1
Verordnung (EU) Nr. 651/2014 der Kommission	https://eur-lex.europa.eu/legal-content/DE/TXT/?uri=CELEX%3A32014R0651
Förderdatenbank	www.foerderdatenbank.de
BVK e.V.	https://www.bvkap.de
MBG	https://www.mbg-beteiligungskapital.de
Juniorconsultant	https://juniorconsultant.net
Expertise RKW Kompetenzzentrum	Expertise Wirksamkeit der geförderten FuE-Projekte und Kooperationsnetzwerke des Zentralen Innovationsprogramms Mittelstand (ZIM)
Deutschlands Beteiligung an Horizont 2020	https://www.bundesbericht-forschung-innovation.de/de/Deutschlands-Beteiligung-an-Horizont-2020-1800.html
Puplikation Förderbanken in Deutschland	https://www.voeb.de/de/themen/foerderpolitik/publikation-foerderbanken
Beat Birkemeier/Harald Brodbeck	Wunderwaffe Innovation – Was Unternehmen unschlagbar macht – Ein Ratgeber für Praktiker, ISBN 978-3-280-05379-9
Gartner Hype Cycle 2018	https://www.gartner.com/smarterwithgartner/5-trends-emerge-in-gartner-hype-cycle-for-emerging-technologies-2018/
CIO	https://www.cio.de/a/gartner-trends-im-reality-check,2978423
Statista	https://de.statista.com

Wunderwaffe Innovation	Wunderwaffe Innovation – Was Unternehmen unschlagbar macht, Beat Birkemeier, Harald Brodbeck
Go-inno Beratungsunternehmen	https://www.innovation-beratung-foerderung.de/SiteGlobals/INNO/Forms/Suche/Beratersuche_Formular_go-Inno.html

STICHWORTVERZEICHNIS